高等职业教育机电类专业系列教材

机械测量技术

主　编　梅荣娣

副主编　唐　杰　张　精

参　编　王　磊　朱龙飞　曹建中

主　审　张国军

西安电子科技大学出版社

内 容 简 介

本书紧密结合职业教育人才培养需求和生产实际,以能力为本位,以项目为引领,以任务为驱动,以机械测量各项技能训练为主线,将公差制度、国家计量标准、各种量具的使用等理论知识,融入到九个测量项目中。其具体内容包括台阶轴的检测、偏心轴的检测、套类零件的检测、曲轴轴承座的检测、盖板的检测、传动轴的检测、螺纹的检测、直齿圆柱齿轮的检测、三坐标测量机的应用等。

本书适用于理实一体化教学,既可作为五年制高职院校数控技术、机电一体化技术、模具设计与制造等专业的教材,也可作为中等职业学校、高级技工学校、机械行业岗位培训的参考书。

图书在版编目(CIP)数据

机械测量技术 / 梅荣娣主编. —西安:西安电子科技大学出版社,2019.4(2022.8 重印)
ISBN 978-7-5606-5257-3

Ⅰ.① 机… Ⅱ.① 梅… Ⅲ.① 技术测量—高等职业教育—教材 Ⅳ.① TG801

中国版本图书馆 CIP 数据核字(2019)第 055643 号

策　　划　李惠萍　秦志峰
责任编辑　买永莲
出版发行　西安电子科技大学出版社(西安市太白南路 2 号)
电　　话　(029)88202421　88201467　　邮　　编　710071
网　　址　www.xduph.com　　　　电子邮箱　xdupfxb001@163.com
经　　销　新华书店
印刷单位　咸阳华盛印务有限责任公司
版　　次　2019 年 4 月第 1 版　　2022 年 8 月第 2 次印刷
开　　本　787 毫米×1092 毫米　1/16　印　张　13.25
字　　数　306 千字
印　　数　3001～5000 册
定　　价　32.00 元(含测量报告)
ISBN 978-7-5606-5257-3/TG

XDUP 5559001-2

如有印装问题可调换

前　言

　　本书依据江苏省颁布的"五年制高职机电类专业指导性人才培养方案"基本要求，结合现代教育的发展和传统理论体系，采用以工程应用案例为主线的方式精心组织了内容。其具体内容包括台阶轴的检测、偏心轴的检测、套类零件的检测、曲轴轴承座的检测、盖板的检测、传动轴的检测、螺纹的检测、直齿圆柱齿轮的检测、三坐标测量机的应用。

　　本书具有以下特点：

　　(1) 编写遵循教、学、做合一，以及理论实践一体化的原则。

　　本书贯穿以工作过程为导向、以技能训练为主线的指导思想，配备相关的理论知识构成项目化教学模块，通过"做中学、学中做、边学边做"来实施任务，让学生在用什么、学什么、会什么的过程中"学做合一"，掌握通用量具和精密计量仪器的测量技能和相关专业知识，培养学生从事产品质量检测岗位工作的能力，具有"工学结合"特色和职业特色。

　　(2) 任务目标明确。

　　本书按照"项目—任务"结构形式合理编排训练内容，每个项目包含若干个任务，每一任务的学习目标明确，知识链接、任务实施等环节步步紧扣。

　　(3) 图文并茂，指导性强。

　　本书的相关操作取自于生产单位现场实际操作，图文并茂；每个测量实例均有操作方法和步骤，具有很强的范例性和指导性。

　　(4) 采用了国家最新的相关标准。

　　(5) 另行装订的测量报告包含本书九个项目中的所有任务的任务书及检测报告，方便学生完成实训操作。

　　参加本书编写的有常州刘国钧高等职业技术学校的梅荣娣(项目一、二、三)、武进中等专业学校的唐杰(项目七)、无锡技师学院的张精(项目四、五、六)、南通科技职业学院的王磊(项目八)、常州刘国钧高等职业学校的朱龙飞和曹建中(项目九)。本书由梅荣娣担任主编，唐杰、张精担任副主编，盐城机电高等职业技术学校的张国军担任主审。

　　由于编者水平有限，书中难免有不足之处，恳请广大读者不吝批评指正。

编　者

2019 年 2 月

目　　录

项目一 台阶轴的检测

作为现代技术工程人员，不仅需要读懂机械图样上所表达的结构，识别图样上的各种技术要求，还要初步掌握对这些技术要求进行检测的方法，从而能正确判断产品的加工质量。台阶轴是机械零件中最常见的一种零件，有较高的尺寸精度要求，如图 1-1 所示。本项目主要了解测量的方法，学习尺寸与公差的相关概念，游标卡尺、千分尺的结构与使用方法；学会用游标卡尺和千分尺测量台阶轴的尺寸，并检测零件上尺寸是否符合图纸要求，以判断零件是否合格。

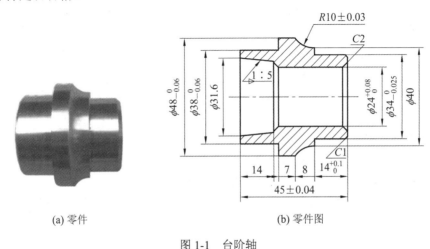

(a) 零件   (b) 零件图

图 1-1 台阶轴

任务一 认识机械测量技术

▶▶▶ 任务概述

检测的意义是什么？检测与测量有何区别？测量的方法有哪些？测量需要哪些测量器具？解决这些疑问，就要从认识机械测量技术基础开始。

▶▶▶ 任务目标

(1) 了解互换性和公差的概念。

(2) 了解测量技术对控制产品质量的影响。

(3) 理解测量的过程和常见的测量方法。

(4) 了解测量器具的种类，熟悉测量器具的技术指标。

▶▶▶ 知识链接

一、互换性与公差

1. 互换性

互换性是指机械产品在装配时，同一规格的一批零件或部件能够不需任何挑选、修配或调整，就能保证机械产品使用性能要求的一种特性。

在使用和维修方面，具有互换性的零部件在磨损及损坏后可及时更换，因而减少了机器的维修时间和费用，保证了机器的连续运转，从而提高了机器的使用价值。在设计方面，零部件具有互换性，就可以最大限度地采用标准件、通用件，大大简化了绘图和计算工作，缩短了设计周期，有利于计算机辅助设计和产品品种的多样化。在制造方面，互换性有利于组织专业化生产，有利于采用先进工艺和高效率的专用设备，有利于用计算机辅助制造，有利于实现加工过程和装配过程机械化、自动化，从而可以提高劳动生产率，保证产品质量，降低生产成本。

因此，互换性对保证产品质量、提高生产率和增加经济效益具有重要意义。互换性成为现代机械制造业中一个普遍遵守的原则。

2. 公差

零件在加工过程中不可避免地会产生各种误差。要实现互换性生产，就要将零件加工后的各几何参数所产生的误差控制在一定范围内，零件几何参数的这种允许的变动量称为公差。如图 1-1 所示的台阶轴，对最大轴径的轴段规定了实际尺寸允许的变动范围为 $\phi 47.94 \sim \phi 48$ mm，允许的变动量即公差为 0.06 mm。

加工后的零件是否满足公差要求，要通过检测来判断，检测是机械制造的"眼睛"。合理确定公差，正确进行检测，是保证产品质量和实现互换性生产的两个必不可少的手段和条件。

测量技术包括测量与检验。测量是将被测量与作为计量单位的标准量进行比较，以确定被测量的具体数值的过程。检验是指确定零件的几何参数是否在规定的极限范围内，并作出合格性判断，而不必得出被测量的具体数值。检验与测量，又通常称为检测，检测的目的不仅在于判断零件是否合格，还要根据检测的结果，分析产生废品的原因，以便设法控制或消除产生废品的因素，提高产品质量管理中的零件成品率。

测量技术的基本要求是：合理选用测量器具与测量方法，保证一定的测量精度，使其具有高的测量效率、低的测量成本；通过测量，分析零件的加工工艺，积极采取预防措施，避免废品的产生。

二、测量的基本要素

一个完整的测量过程包括被测对象、计量单位、测量方法和测量精度四个要素。

1. 被测对象

被测对象在机械精度的检测中主要是指有关几何精度方面的参数量，其基本对象是长度、角度、几何形状、相对位置、表面粗糙度以及螺纹、齿轮等零件的几何参数。

2. 计量单位

计量单位(简称单位)是以定量表示同种量的量值而约定采用的特定量。我国规定采用以国际单位制(SI)为基础的"法定计量单位制",它是由一组选定的基本单位和由定义公式与比例因数确定的导出单位组成的,如长度的基本单位为"米"(m),平面角的基本单位为"弧度"(rad)。

在机械制造中,常用的长度单位为"毫米"(mm);在精密测量中,长度单位采用"微米"(μm);在超精密测量中,长度单位采用"纳米"(nm)。常用的角度单位除弧度外,还用微弧度(μrad)和"度"(°)、"分"(′)、"秒"(″)表示。

3. 测量方法

测量方法是根据一定的测量原理,在实施测量过程中对测量原理的运用及其实际操作。在广义上,测量方法可以理解为测量原理、测量器具和测量条件(环境和操作者)的总和。

4. 测量精度

测量精度是指测量结果与被测量真值的一致程度。当某量能被完善地确定,并能排除所有测量上的缺陷时,通过测量所得到的量值为真值。

由于测量会受到许多因素的影响,其过程总是不完善的,即任何测量都不可能没有误差,误差越小则证明测量精度越高。

三、测量器具

1. 测量器具的分类

测量器具按结构特点可分为量具、量规、量仪和测量装置四类。

量具是以固定形式复现量值的器具,可分为单值量具(如量块、直角尺等)和多值量具(如线纹尺)。量具的特点是其结构比较简单,一般没有放大装置。

量规是没有刻度的专用测量器具,用来检验工件实际尺寸和几何误差的综合结果。量规只能判断工件是否合格,而不能获得被测几何量的具体数值,如光滑极限量规、螺纹量规等可用于检验工件。

量仪是指能将被测量转换成可直接观测的指示值或等效信息的测量器具,其特点是一般都有指示、放大系统。根据所测信号的转换原理和量仪本身的结构特点,量仪可分为卡尺类量仪(如数显卡尺、游标卡尺等)、微动螺旋副类量仪(如数显千分尺、普通千分尺等)、机械类量仪(如百分表、千分表等)、光学类量仪(如工具显微镜)、气动类量仪(如压力式量仪)、电学类量仪等。

测量装置指为确定被测量所必需的测量装置和辅助设备的总体,它能测量较多的几何量和较复杂的零件,有助于实现检测的自动化或半自动化。

2. 测量器具的主要技术指标

测量器具的技术指标用以表征其技术性能和功用,是选择和使用测量器具的依据。表1-1列出了测量器具的主要技术指标及相关说明。

表 1-1 测量器具的主要技术指标及说明

指标	定 义	说 明 (以分度值为 0.02 mm、测量范围为 0～150 mm 的某游标卡尺为例)
分度间距 (刻度间距)	刻度尺或刻度盘上两相邻刻线中心间的距离	为便于观察，一般为 1～2.5 mm 的等距离刻线。游标卡尺的刻线为 1 mm
分度值 (刻度值)	刻度尺或刻度盘上两相邻刻线所代表的量值	能直接读出的最小单位量值。一般来说，分度值越小，测量器具的精度越高。该游标卡尺的分度值为 0.02 mm
示值范围	度量最低值到最高值的范围	该游标卡尺的示值范围为 0～150 mm
测量范围	在允许误差极限内，所能测量的被测量值的下限值至上限值的范围	该游标卡尺的测量范围与示值范围相同
示值误差	测量器具的示值与被测量的真值之差	通过对测量器具的检定得到，误差越小，测量器具的精度越高。0～150 mm 测量范围的示值误差为 ±0.02
示值变动性	指在测量条件不变的情况下，对同一被测量进行多次(一般为 5～10 次)重复读数观察，其示值变化的最大差异	
灵敏度	指测量器具对被测量变化的反应能力。一般来说，分度值越小，灵敏度越高	
回程误差	在相同条件下，被测量对象不变，测量器具行程方向不同时，两示值之差的绝对值。它是由测量器具中测量系统的间隙、变形和摩擦等原因引起的	
测量力	在接触式测量过程中，测量器具测头与被测量面间的接触压力。测量力太大会引起弹性变形，测量力太小会影响接触的稳定性	
修正值	为消除系统误差，用代数法加到未修正的测量结果上的数值。该值与示值误差绝对值相等而符号相反	
不确定度	由于测量器具的误差而对被测量的真值不能肯定的程度。该指标一般包括示值误差、回程误差等，是一个综合指标	

四、测量方法

测量方法是根据被测对象的特点来选择和确定的。被测对象的特点主要是指它的精度要求、几何形状、尺寸大小、材料性质以及数量等，其常用的测量方法如表 1-2 所示。

表 1-2 常用的测量方法

分类方法	测量方法	含 义	说 明
是否直接测量被测几何量	直接测量	无需对被测量与其他实测量进行一定函数关系的辅助计算，直接得到被测量值的测量	例如用游标卡尺测量轴的直径、长度。测量精度只与测量过程有关
	间接测量	通过直接测量与被测几何量有已知关系的其他量而得到该被测参数量值的测量	精确度不仅取决于有关参数的测量精度，且与所依据的计算公式有关

分类方法	测量方法	含　义	说　明
测量器具的读数是否直接表示被测量的量值	绝对测量	从测量器具的读数装置上读出被测几何量的整个量值	例如用游标卡尺测量轴的直径、长度
	相对测量（比较测量）	由测量器具刻度尺指示的值只是被测几何量对标准量的偏差，整个被测量值等于测量器具所指偏差与标准量的代数和	例如用正弦规测量锥度。测量精度较高，但测量比较麻烦
零件被测的几何量的多少	单项测量	对被测零件的某个几何量进行单独测量	例如单独测量螺纹中径或螺距
	综合测量	对有关被测零件质量的几个相关几何量进行测量	例如用螺纹极限量规检验螺纹
被测表面与测量器具的测量头是否接触	接触测量	测量器具的触端直接与被测零件表面相接触得到测量结果	例如用游标卡尺测量轴的直径、长度
	非接触测量	测量器具的测头与被测零件表面不直接接触(表面无测力存在)，而是通过其他介质(光、气流等)与零件接触得到测量结果	例如用投影仪测量复杂零件的尺寸
测量在加工过程中的作用	被动测量	零件加工后进行的测量	测量结果仅限于发现并剔出废品
	主动测量	零件在加工过程中进行的测量	测量结果直接用来控制零件的加工过程，从而防止废品的发生
被测零件在测量过程中的状态	静态测量	测量时零件被测表面与测量器具的测量触头是相对静止的	例如用千分尺测量零件直径
	动态测量	测量时零件被测表面与测量器具的测量触头有相对运动	例如用激光丝杠动态检查仪测量丝杠

五、测量误差

1. 绝对误差与相对误差

由于测量器具本身的误差以及测量方法和条件的限制，任何测量过程都不可避免地存在误差，测量所得到的值不可能是被测量的真值，测得值与被测量的真值之间的差异在数值上表现为测量误差。

测量误差可以表示为绝对误差和相对误差。

绝对误差是指被测对象的测得值与其真值之差。由于测得值可能大于或小于真值，所以绝对误差可能是正值也可能是负值。

绝对误差的绝对值越小，说明测得值越接近真值，因此测量精度就高；反之，测量精度就低。但这一结论只适用于被测几何量大小相同的情况。

当被测几何量大小不同时，应采用相对误差来评定。相对误差是指绝对误差的绝对值与被测量真值之比。

例如，用某测量长度的量仪测量 20 mm 的长度，绝对误差为 0.002 mm；用另一台量仪测量 250 mm 的长度，绝对误差为 0.02 mm。后者的绝对误差虽然比前者大，但它相对于被测量的值却很小。用相对误差来评定，前者相对误差为 0.01%，后者相对误差为 0.008%，显然后一种测量长度的量仪更精确。

2. 测量误差的来源

测量误差产生的原因主要有以下几个方面：

(1) 测量器具误差：测量器具本身在设计、制造和使用过程中造成的各项误差。例如，游标卡尺刻线不准确、指示器刻度盘与指针转轴安装偏心等引起的测量误差。

在进行长度测量时，为保证测量的准确性，应使被测工件的尺寸线和量仪中作为标准的刻度尺重合或顺次排成一条直线，此原则称之为阿贝原则，是长度测量的基本原则。

但游标卡尺的结构就不符合阿贝原则，标准量未安放在被测长度的延长线上或顺次排成一条直线。如图 1-2 所示，用游标卡尺测量轴的直径，被测长度与标准量平行相距 S 放置，这样在测量过程中，由于游标卡尺活动量爪与主尺之间的配合间隙的影响，当存在倾斜角度 φ 时，游标卡尺必然产生测量误差 δ。

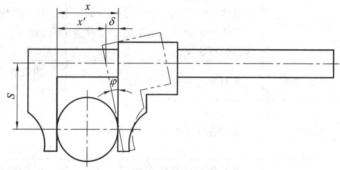

图 1-2　测量器具误差示例

(2) 测量方法误差：由于测量方法不完善所引起的误差。例如接触测量中测量力引起的测量器具和零件表面变形误差，间接测量中计算公式的不精确、测量过程中工件安装定位不合格等引起的测量误差。

(3) 测量环境误差：测量时的环境条件不符合标准条件所引起的误差。测量的环境条件包括温度、湿度、气压、振动及灰尘等。其中，温度对测量结果的影响最大。

(4) 人员误差：由于测量人员的主观因素所引起的误差。例如，测量人员技术不熟练、视觉偏差、估读判断错误等引起的误差。

误差产生的原因很多，有些误差是不可避免的，但有些是可以避免的。因此，测量者应对一些可能产生测量误差的原因进行分析，掌握其影响规律，设法消除或减小其对测量结果的影响，以保证测量精度。

3. 测量误差的分类

根据测量误差的性质、出现的规律和特点，测量误差可分为系统误差、随机误差和粗大误差。

(1) 系统误差：在相同条件下多次测量同一量值时，误差的大小和符号保持不变或按一定规律变化的误差。测量器具本身性能不完善、测量方法不完善、测量者对仪器使用不当、环境条件的变化等原因都可能产生系统误差。系统误差对测量结果影响较大，要尽量减少或消除系统误差，提高测量精度。

(2) 随机误差：在相同条件下，多次测量同一量值时，其误差的大小和符号以不可预见的方式变化的误差。大量实验表明，对同一被测量进行连续多次重复测量而得到一系列测得值时，它们的随机误差的总体存在着一定的规律性，因此，可以利用概率和数理统计的一些方法来掌握随机误差的分布特性，估算误差范围，对测量结果进行处理。

(3) 粗大误差：明显超出规定条件下预期的误差，也称疏失误差。引起粗大误差的原因是多方面的，如测量器具使用不正确，错误读取示值，使用有缺陷的测量器具等。如果产生粗大误差，则应分析判断并加以消除。

▶▶▶ 任务实施

一、认识常见的测量器具

(1) 在测量实验室了解各测量器具的用途。
(2) 参观学校的数控实训工厂，了解机械加工过程中使用的测量器具和测量方法。

二、完成认识报告

▶▶▶ 知识拓展

量　块

量块是没有刻度的、截面为矩形且具有一对相互平行测量面的量具，用铬锰钢等特殊合金钢材料制成，具有线膨胀系数小、性质稳定、耐磨性好、硬度高、工作表面粗糙度值小以及研合性好等特点。广泛应用于计量器具的校准、精密画线和精密工件的测量等。

量块通常制成长方形六面体，有两个相互平行的测量面和四个非测量面，如图 1-3 所示。量块上标出的尺寸称为量块的标称长度，标称长度小于 6 mm 的量块，其公称长度值刻印在上测量面上；标称长度大于 6 mm 的量块，其公称长度值刻印在上测量面左侧较宽的一个非测量面上。

国标 GB/T 6093—2001《几何量技术规范(GPS)长度标准量块》对量块按制造精度规定了 5 级，即 0、1、2、3 和 K 级，其中 0 级精度最高，3 级最低，K 级为校准级。0 级量块的精度最高，工作尺寸和平面平行度等都做得很准确，只有零点几个微米的误差，一般仅在省市计量单位检定或校准精密仪器时使用。1 级量块的精度次之，2 级更次之。K 级量块一般为工厂或车间计量站使用，用来检定或校准车间常用的精密量具。

量块生产企业大都按"级"向市场销售，用量块长度极限偏差(中心长度与标称长度允许的最大误差)控制一批相同规格量块的长度变动范围；用量块长度变动量(量块最大长度与最小长度之差)控制每一个量块的两测量面间各对应点的长度变动范围。用户则按量块的标称尺寸使用量块，因此，按"级"使用量块必然受到量块长度制造偏差的影响，把制造误差带入测量结果。

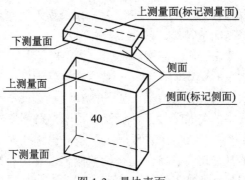

图 1-3　量块表面

制造高精度量块的工艺要求高、成本高，且高精度量块在使用一段时间后，也会因磨损而引起尺寸减小，使其原有的精度级别降低。因此，经过维修或使用一段时间后的量块，要定期送专业部门按照标准对其各项精度指标进行检定，确定符合哪一等，并在检定证书中给出标称尺寸的修正值。JJG146—2011《量块》标准规定了量块按其检定精度分为五等，即 1、2、3、4、5 等，其中 1 等精度最高，5 等精度最低。"等"主要是依据量块测量的不确定度和量块长度变动量的允许值来划分的。

量块的"级"和"等"是从成批制造和单个检定两种不同的角度出发，对其精度进行划分的两种形式。

按"级"使用时，以标记在量块上的标称尺寸作为工作尺寸，该尺寸包含其制造误差；按"等"使用时，必须以检定后的实际尺寸作为工作尺寸，该尺寸不包含制造误差，但包含了检定时的测量误差。就同一量块而言，检定时的测量误差要比制造误差小得多。因此，量块按"等"使用的测量精度比按"级"使用的测量精度要高，且能在保持量块原有使用精度的基础上延长其使用寿命。

量块有很好的研合性，将量块顺其测量面加压推合，就能研合在一起。因此，在一定范围内根据需要将多个尺寸不同的量块研合成量块组，就扩大了量块的应用。我国成套生产的量块共有 17 种套别，每套量块数分别为 91、83、46、38 等几种规格。在使用量块组测量时，为了减少量块的组合误差，应尽量减少量块的组合块数，一般不超过 4 块；选用量块时，应从所需组合尺寸的最后一位数开始，每选一块至少应减去所需尺寸的一位尾数。例如，从 83 块一套的量块中选取尺寸为 36.745 mm 的量块组，选取方法如下：

$$
\begin{array}{rl}
36.745 & \cdots \text{所需尺寸} \\
-\quad 1.005 & \cdots \text{第一块量块尺寸} \\
\hline
35.740 & \\
-\quad 1.24 & \cdots \text{第二块量块尺寸} \\
\hline
34.500 & \\
-\quad 4.5 & \cdots \text{第三块量块尺寸} \\
\hline
30.000 & \cdots \text{第四块量块尺寸}
\end{array}
$$

使用量块时，所选量块要用航空汽油清洗，再用洁净软布擦干，待量块温度与环境温度相同后方可使用。同时，轻拿、轻放量块，杜绝磕碰、跌落等情况的发生。不得用手直接接触量块，以免造成汗液对量块的腐蚀及手温对测量精确度的影响。使用完毕后，用航空汽油清洗所用量块，然后擦干，再涂上防锈脂存于干燥处。

练 习 题

一、填空题

1. 零部件的互换性就是指装配时从制成的同一规格的零部件中任取一件，不需要任何_____，就能与其他零部件组成一台机器并达到规定的使用功能要求。

2. 一个完整的测量过程应包括_____、_____、_____、_____四个要素。

3. 对某一尺寸进行系列测量得到一列测得值，测量精度明显受到环境温度的影响，此温度误差属于_____。

4. 绝对误差与真值之比叫_____误差。

二、问答题

1. 测量的实质是什么？

2. 说明标尺间距、分度值、示值误差有何区别。

3. 简述测量误差的来源与消除误差的方法。

任务二   用游标卡尺检测台阶轴

▶▶▶ 任务概述

分析图 1-1 所示台阶轴零件图上的尺寸要求，用游标卡尺对零件上的尺寸进行检测，并判断其是否合格。

▶▶▶ 任务目标

1. 知识目标

(1) 掌握尺寸与公差的相关概念。

(2) 通过游标卡尺理解测量器具的主要技术指标。

(3) 掌握游标卡尺的刻线原理、读数方法。

(4) 掌握游标卡尺的使用方法。

2. 技能目标

能正确使用游标卡尺测量零件的外径、长度。

▶▶▶ 测量器具准备

本任务所用普通游标卡尺如图 1-4 所示。

图 1-4　普通游标卡尺

►►► 知识链接

一、尺寸与公差

对零件的加工误差及其控制范围所制定的技术标准，是实现互换性的基础。分析零件图上标注的尺寸和公差要求，是零件制造的重要前提。

零件的尺寸是指以特定单位表示零件线性尺寸的数值，它包括公称尺寸(旧称基本尺寸)和偏差。例如图 1-1 所示台阶轴上的尺寸 $\phi 48_{-0.06}^{0}$ 表示：公称尺寸为 $\phi 48$，上极限偏差为 0，下极限偏差为 -0.06。

尺寸与尺寸公差(简称公差)的相关术语及含义见表 1-3。

表 1-3 尺寸与公差的相关术语及含义

尺寸		含 义	$\phi 26_{-0.021}^{0}$	45 ± 0.04	计算方法
公称尺寸(D、d)		由图样规范确定的理想形状要素的尺寸	$\phi 26$	45	
极限偏差	上极限偏差 (ES、es)	某一极限尺寸减去公称尺寸所得的代数差	0	$+0.04$	$ES = D_{max} - D$ $es = d_{max} - d$
	下极限偏差 (EI、ei)		-0.021	-0.04	$EI = D_{min} - D$ $ei = d_{min} - d$
实际偏差(E_a、e_a)		实际尺寸减去公称尺寸所得的代数差	测量之后得到	测量之后得到	$E_a = D_a - D$ $e_a = d_a - d$
公差(T_D、T_d)		允许尺寸的变动量，等于上极限尺寸与下极限尺寸之差，或上极限偏差与下极限偏差之差	0.021	0.08	$T_D = \|D_{max} - D_{min}\|$ $= \|ES - EI\|$ $T_d = \|d_{max} - d_{min}\|$ $= \|es - ei\|$
极限尺寸	上极限尺寸 (D_{max}、d_{max})	尺寸要素允许的两个极端，也是控制实际组成要素合格的界限值	$\phi 26$	45.04	$D_{max} = D + ES$ $d_{max} = d + es$
	下极限尺寸 (D_{min}、d_{min})		$\phi 25.979$	44.96	$D_{min} = D + EI$ $d_{min} = d + ei$
实际尺寸(D_a、d_a)		测量得到的尺寸			
零件合格条件		下极限尺寸≤实际尺寸≤上极限尺寸			

注: (1) 表格中的大写字母表示孔的相关代号，小写字母表示轴的相关代号。

(2) 公差是尺寸允许的变动量，是用绝对值来定义的，没有正、负，也不能为零。

(3) 实际偏差可为正、负和零，除零值以外，应标上相应的"+"和"−"号。

(4) 极限偏差用于控制实际偏差，是判断完工零件是否合格的根据，而公差则控制一批零件实际尺寸的差异程度。

二、游标卡尺的结构

游标卡尺属于游标类测量器具，它是一种常用的量具，具有结构简单、使用方便、精度中等及测量的尺寸范围大等特点，可用来测量零件的外径、内径、长度、宽度、厚度、深度和孔距等，应用范围很广。

游标卡尺按其结构和用途的不同，可分为普通游标卡尺、双面游标卡尺、单面游标卡尺。按读数方式的不同，游标卡尺又可分为普通游标卡尺、带表游标卡尺、电子数显游标卡尺等。另外，还有一些特殊结构的游标卡尺，如无视差游标卡尺、大尺寸游标卡尺。图 1-5 所示为最常用的普通游标卡尺的结构。其游标卡尺尺身上有类似钢尺一样的主尺刻度，主尺上的刻线间距为 1 mm。主尺的长度决定于游标卡尺的测量范围。

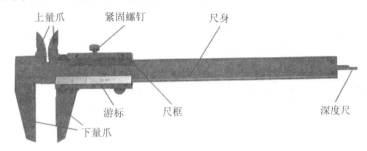

图 1-5 普通游标卡尺的结构

三、游标卡尺的读数方法

普通游标卡尺的读数机构由主尺和游标两部分组成。当活动量爪与固定量爪贴合时，游标上的"0"刻线(简称游标零线)对准主尺上的"0"刻线，此时量爪间的距离为"0"，如图 1-6(a)所示。当尺框向右移动到某一位置时，固定量爪与活动量爪之间的距离就是零件的测量尺寸，如图 1-6(b)所示。零件尺寸的整数部分，可在游标零刻线左边的主尺刻线上读出来，小数部分为游标零刻线右边与主尺上刻线重合的刻线数乘以游标的分度值所得的积。

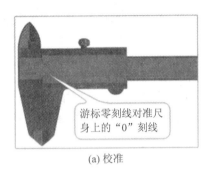

游标零刻线对准尺身上的"0"刻线

(a) 校准

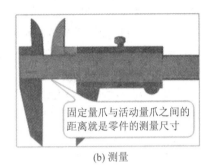

固定量爪与活动量爪之间的距离就是零件的测量尺寸

(b) 测量

图 1-6 游标卡尺测量示意图

1. 刻线原理

普通游标卡尺的分度值有 0.10 mm、0.05 mm、0.02 mm。机械加工中常用分度值为 0.02 mm 的游标卡尺。下面我们以图 1-7 所示游标卡尺为例来说明其刻线原理。

当游标零线与主尺零线对准(两爪合并)时,游标上的 50 格刚好等于尺身上的 49 mm(49 格),则游标每 1 格间距为 0.98 mm(49÷50),主尺与游标每 1 格间距相差 0.02 mm(1−0.98 = 0.02)。0.02mm 即为该游标卡尺的最小读数值,即游标卡尺的分度值,该分度值通常也在主尺上有标记。

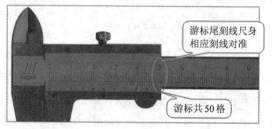

图 1-7　分度值为 0.02 mm 的游标卡尺的刻线

2. 读数方法

(1) 读出游标零线左边(主尺)上的最近刻度的毫米数,即测量结果的整数部分,如图 1-8 所示为 62 mm。

(2) 读出游标上与主尺对齐的刻线数,再乘以分度值,即测量结果的小数部分,如图 1-8 所示为 $5 × 0.02$ mm $= 0.10$ mm。

(3) 把读出的整数部分与小数部分相加,即为测量尺寸。如图 1-8 所示,被测尺寸为 62 mm + 0.10 mm = 62.10 mm。

注意:游标卡尺不需要估读,它的最后一位数是准确的。

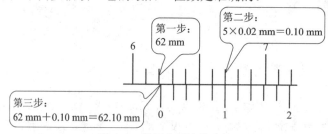

图 1-8　游标卡尺读数方法

四、游标卡尺的维护与保养

(1) 用游标卡尺测量零件时,不允许过分地施加压力,所用压力应使两个量爪刚好接触零件表面。如果测量压力过大,不但会使量爪弯曲或磨损,而且量爪在压力作用下会产生弹性变形,测量得到的尺寸将不准确。

(2) 使用完毕后,要将游标卡尺擦干净,涂上防锈油,放入专用盒里。

(3) 游标卡尺是一种中等精度的量具,它只适用于中等精度尺寸的测量和检验。用游标卡尺测量锻铸件毛坯或精度要求很高的尺寸都是不合理的。前者容易损坏量具,后者测量精度达不到要求。

▶▶▶ 任务实施

一、游标卡尺的检查与校零

(1) 将游标卡尺擦拭干净,检验卡脚紧密贴合时是否有明显缝隙,检查尺身和游标的零位是否对准,检查被测量面是否平直无损。

(2) 移动尺框，检查游标卡尺是否活动自如，有没有过松或过紧以及晃动现象。用紧固螺钉固定尺框时，卡尺的读数不应有所改变。在移动尺框时，须松开紧固螺钉。

(3) 检查游标和主尺的零位刻线是否对准，即需要校对游标卡尺的零位。

二、检测零件

(1) 测量工件外部尺寸时，卡脚张开的尺寸应稍大于工件的尺寸，以便卡脚两侧自由进入工件。测量时，可以轻轻摆动卡尺，放正垂直位置，然后锁紧，如图 1-9 所示。

(a) 正确测量   (b) 错误测量

图 1-9 测量工件的外部尺寸

(2) 测量工件的内部尺寸时，卡脚张开的尺寸应稍小于工件的尺寸，如图 1-10 所示。

(a) 正确测量   (b) 错误测量

图 1-10 测量工件的内部尺寸

(3) 利用深度尺测量工件深度时，尺身端部平面靠在基准面上，尺身与零件中心线平行，如图 1-11 所示。

(a) 正确测量   (b) 错误测量

图 1-11 测量工件深度

(4) 测量结束后，将游标卡尺擦净放置在专用盒内。

三、检测数据及评定

按要求进行台阶轴的尺寸测量并填写下表：

检测项目	台阶轴的尺寸				
量具名称	游标卡尺		分度		0.02 mm
被测量尺寸	测量记录				平均值
	截面 1		截面 2		
	Ⅰ- Ⅰ	Ⅱ- 14 - Ⅱ	Ⅰ- 14 - Ⅰ	Ⅱ- 14 - Ⅱ	
$\phi24^{+0.08}_{0}$					
$\phi48^{0}_{-0.06}$					
$\phi38^{0}_{-0.06}$					
$14^{+0.1}_{0}$					
45 ± 0.04					
测量结果	合格性判断				
	判断理由				

▶▶▶ 知识拓展

其他游标卡尺

一、高度游标卡尺

如图 1-12(a)所示，高度游标卡尺用于测量零件的高度和精密划线。它的结构特点是用质量较大的基座 4 代替固定量爪，而移动的尺框 3 则通过横臂装有测量高度和划线用的量爪，量爪的测量面上镶有硬质合金，可提高量爪使用寿命。

高度游标卡尺的测量工作，应在平台上进行。当量爪的测量面与基座的底平面位于同一平面时，如在同一平台平面上，主尺 1 与游标 6 的零线相互对准。所以在测量高度时，量爪测量面的高度，就是被测量零件的高度尺寸，它的具体数值，与游标卡尺一样可在主尺(整数部分)和游标(小数部分)上读出。

二、深度游标卡尺

如图 1-12(b)所示，深度游标卡尺用于测量零件的深度或台阶高低和槽的深度。它的结构特点是尺框 3 的两个量爪连成一起，成为一个带游标测量基座 1 的游标卡尺，基座的端面和尺身 4 的端面就是它的两个测量面。

测量内孔深度时应把基座的端面紧靠在被测孔的端面上，使尺身与被测孔的中心线平行，伸入尺身，则尺身端面至基座端面之间的距离，就是被测零件的深度尺寸。

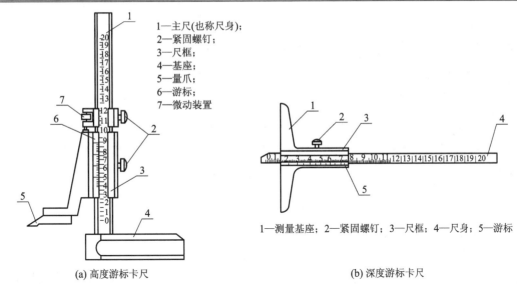

1—主尺(也称尺身)；
2—紧固螺钉；
3—尺框；
4—基座；
5—量爪；
6—游标；
7—微动装置

(a) 高度游标卡尺

1—测量基座；2—紧固螺钉；3—尺框；4—尺身；5—游标

(b) 深度游标卡尺

图 1-12　高度游标卡尺与深度游标卡尺

　　测量轴类等台阶时，测量基座的端面一定要压紧在基准面，再移动尺身，直到尺身的端面接触到工件的量面(台阶面)上，然后用紧固螺钉固定尺框，再提起卡尺，读出深度尺寸。

练　习　题

一、填表

根据给定的尺寸，在下表中填写相应的数值：

	$\phi 40_{-0.169}^{-0.009}$	$\phi 38_{-0.025}^{0}$	42 ± 0.04	$\phi 130_{-0.035}^{-0.023}$
公称尺寸				
上极限尺寸				
下极限尺寸				
上极限偏差				
下极限偏差				
公差				

二、游标卡尺读数训练

题 1-1 图所示为游标卡尺上的示数简图，请写出其读数。

(1) 图(a)为分度值为 0.10 mm 的游标卡尺，读数为＿＿＿＿＿＿。

(2) 图(b)为分度值为 0.02 mm 的游标卡尺，读数为＿＿＿＿＿＿。

(a)

(b)

题 1-1 图

任务三　用千分尺检测台阶轴

▶▶▶ 任务概述

测量或检验零件尺寸时，要按照零件尺寸的精度要求，选用相适应的量具。分析台阶轴零件图上标注的各尺寸，用千分尺对相关尺寸进行检测，并判断其合格性。

▶▶▶ 任务目标

1. 知识目标

(1) 熟悉千分尺的结构与使用方法。

(2) 会准确读取千分尺的数值。

2. 技能目标

会熟练使用千分尺检测尺寸。

▶▶▶ 测量器材准备

本任务所用外径千分尺如图 1-13 所示。

▶▶▶ 知识链接

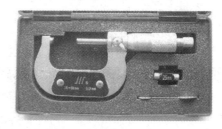

图 1-13　外径千分尺

一、外径千分尺结构

千分尺测量精度比游标卡尺高，并且测量方便、灵活，读数准确，因此，当加工精度要求较高时多采用千分尺。千分尺在生产中应用广泛。

外径千分尺主要由尺架、测微螺杆、微分筒、测力装置和锁紧螺钉等组成，如图 1-14 所示。尺架的一端装着固定测砧，另一端装着测微螺杆。固定测砧和测微螺杆的测量面上都镶有硬质合金，以提高测量面的使用寿命。尺架的两侧面覆盖着绝热板，在使用千分尺时，手拿在绝热板上，以防止人体的热量影响千分尺的测量精度。

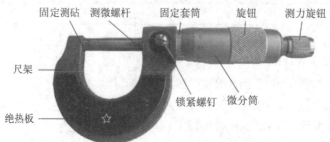

图 1-14　0～25 mm 外径千分尺的结构

二、刻线原理与读数方法

用千分尺测量零件的尺寸，就是把被测零件置于千分尺的两个测量面之间，所以两测量面之间的距离，就是零件的测量尺寸。当测微螺杆在螺纹轴套中旋转时，测微螺杆会沿着螺旋线方向产生轴向移动，从而使两测量面之间的距离发生变化。

1. 读数原理

如图 1-15 所示，在千分尺的固定套筒上刻有轴向中线，作为微分筒读数的基准线。在轴向中线的两侧，有两排刻线，每排刻线间距为 1 mm，上、下刻线相互错开 0.5 mm。微分筒的圆周上刻有 50 格等分线，微分筒转 1 周，测微螺杆就推进或后退 0.5 mm。微分筒转过它本身圆周刻度的一小格时，两测量面之间转动的距离为

$$0.5 \div 50 = 0.01(\text{mm})$$

由此可知，千分尺的分度值为 0.01 mm。

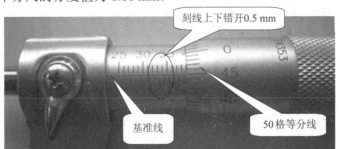

图 1-15 外径千分尺的读数原理

千分尺测微螺杆的移动量为 25 mm，测量范围有 0～25 mm、25～50 mm、50～75 mm 等，最大可达 2500～3000 mm。

2. 读数方法

第一步：读出固定套筒上露出的刻线尺寸，一定要注意不能遗漏应读出的 0.5 mm 的刻线值。

第二步：在微分筒上找到与固定套筒中线对齐的刻线，再乘以分度值，即得微分筒上的尺寸。当微分筒上没有任何一根刻线与固定套筒中线对齐时，应估读到小数点第三位数。

第三步：把两个读数相加即得到实测尺寸。

千分尺读数示例见图 1-16。

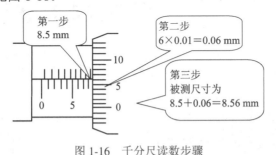

图 1-16 千分尺读数步骤

三、外径千分尺使用方法

1. 校对零位

把千分尺的两个测量面揩干净，转动微分筒，微分筒能自由灵活地沿着固定套筒活动。

在两测量面即将接触时，手握测力旋钮转动测微螺杆，当听到"嘎嘎"声时，停止转动，微分筒上"0"线与固定套筒基线重合，微分筒端面与固定套筒"0"线相切，此时"0"位正确，如图1-17(a)所示。

当测量上限大于 25 mm 时，在两测量面之间放入校对量杆或相应尺寸的量块，如图1-17(b)所示。

微分筒"0"刻线与基准线重合

(a) 0～25 mm 千分尺

微分筒"0"刻线与基准线重合

(b) 25～50 mm 千分尺

图 1-17 外径千分尺的校零

当"0"位不准时可用专用小扳手插入固定套筒的调整孔内(固定套筒"0"线的背面)，扳动固定套筒转过一定角度，使微分筒上"0"线与固定套筒基线对准，如图1-18所示。固定套筒上有锁紧螺钉，调整前必须先松开锁紧螺钉，调整好后再锁紧。

2. 使用方法

图 1-18 调整"0"位

用外径千分尺测量外径时，测微螺杆要与零件的轴线垂直，不要歪斜。测量时可用单手或双手操作，具体方法如图1-19所示。

(a) 双手测量

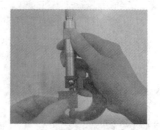

(b) 单手测量

图 1-19 千分尺测量方法

双手测量时，先旋转微分筒，当测量面快接触工件被测面时，再旋转测力旋钮，以控制好一定的测量力，当听到2～3声"嘎嘎"的响声后读出数值。

单手测量时，可用大拇指和食指或中指捏住微分筒上旋钮部分，小指勾住尺架并压向手掌，大拇指和食指转动测力装置。此法要求操作者具有较高的测量经验。

用千分尺测量零件时，最好在零件上进行读数，放松后取出千分尺，这样可减少测量面的磨损。如果必须取下读数，应用锁紧螺钉锁紧测微螺杆后，再轻轻滑出零件。

在读取千分尺上的测量数值时，要特别留心不要读错 0.5 mm。

为了获得正确的测量结果，可在同一位置上再测量一次。轴类零件应在同一圆周的不同方向多测量几次，检查零件外圆有没有圆度误差，再在零件全长的各个部位测量几次，检查零件外圆有没有圆柱度误差等。

四、维护与保养

(1) 使用前先将两个测量面擦干净，然后转动微分筒，使这两个测量面轻轻地接触，检查两测量面间是否有间隙(透光)，以确保两测量面平行，否则必须送交专门的检验部门进行检修和调整。

(2) 绝对不允许用力旋转微分筒来增加测量压力，若测微螺杆过分压紧零件表面，将致使精密螺纹因受力过大而发生变形，损坏千分尺的精度。

(3) 不允许用千分尺测量带有研磨剂的表面，不能用千分尺测量毛坯件及未加工表面。

(4) 不要把千分尺拿在手中任意挥动或摇转，否则会使精密的测微螺杆受到损伤。

(5) 不能用千分尺测量正在旋转的工件或带有磁性的工件。

(6) 千分尺在使用过程中，要轻拿轻放，不要与工具、刀具等堆放在一起，以免碰伤千分尺。

(7) 使用完毕后，在测量面上涂好防锈油，再放入指定的盒内。

▶▶▶ 任务实施

一、千分尺及零件检查

(1) 根据被测工件的尺寸选择相应的千分尺。

(2) 将千分尺测量面擦拭干净，校准零线。

(3) 将工件被测表面擦拭干净。

二、检测零件

(1) 将工件置于两测量面之间，使外径千分尺测量轴线与工件中心线垂直或平行，如图 1-20 所示。

(2) 旋转微分筒，使砧端与工件测量表面接近，这时旋转测力旋钮，听到2～3"嘎嘎"的响声时为止，然后旋紧锁紧螺钉。

图 1-20　使用千分尺测量工件

(3) 视线与刻线表面保持垂直，读出测量值，如图 1-21 所示。

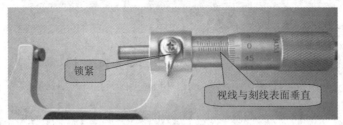

锁紧

视线与刻线表面垂直

图 1-21　读数时的要求

三、检测数据及评定

按要求进行台阶轴的尺寸测量并填写下表：

检测项目	台阶轴的尺寸测量				
量具名称	外径千分尺		分度值		0.01 mm
被测量尺寸	测量记录				
	截面 1		截面 2		平均值
	Ⅰ-Ⅰ	Ⅱ-Ⅱ	Ⅰ-Ⅰ	Ⅱ-Ⅱ	
$\phi34^{\ 0}_{-0.025}$					
测量结果	合格性判断				
	判断理由				

▶▶▶ 知识拓展

其他千分尺

千分尺的种类很多，机械加工车间常用的除外径千分尺外，还有深度千分尺、内径千分尺以及螺纹千分尺和公法线千分尺等。

1. 深度千分尺

深度千分尺与外径千分尺相似，只是多了一个基座而没有尺架，如图 1-22 所示。深度千分尺主要用于测量尺寸精度要求较高的盲孔、沟、槽的深度和台阶的高度。其测杆可更换，测杆尺寸范围分别为 0～25 mm、25～50 mm、50～75 mm、75～100 mm，可以测量 0～150 mm 范围内的任何尺寸。

2. 内径千分尺

内径千分尺用于测量内径及槽宽等尺寸，如图 1-23 所示，其固定套筒上的刻线方向与外径千分尺相反，但读数方法相同。它的测量范围有 5～30 mm 和 25～50 mm 两种。

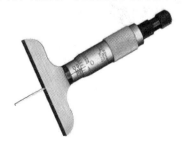

图 1-22　深度千分尺　　　　　　　　　　图 1-23　内径千分尺

3. 螺纹千分尺

螺纹千分尺用于测量精度较低的螺纹中径，螺纹千分尺与外径千分尺相似，如图 1-24 所示，只是由可换的测量头取代了固定砧座，可换测量头有各种不同的规格，测量时可根据被测螺纹的螺距，选择相应的测量头。

4. 壁厚千分尺

壁厚千分尺主要用来测量带孔零件的壁厚，前端做成杆状球头测砧，以便伸入孔内并使测砧与孔的内壁贴合，如图 1-25 所示。

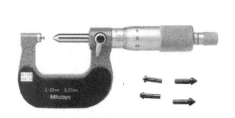

图 1-24　螺纹千分尺　　　　　　　　　　图 1-25　壁厚千分尺

5. 板厚千分尺

板厚千分尺也称深弓千分尺，主要用来测量距端面较远处的厚度尺寸，其尺身的弓深较深，如图 1-26 所示。

6. 杠杆千分尺

杠杆千分尺又称指示千分尺，它是由外径千分尺的微分筒部分和杠杆卡规中指示机构组合而成的一种精密量具，如图 1-27 所示。杠杆千分尺是将活动测头的直线移动转换成百分表指针的角位移进行读数的。它在测量时既可作绝对测量，也可作相对测量。螺旋测微部分的分度值为 0.01 mm，杠杆千分尺齿轮机构部分的分度值有 0.001 mm 和 0.002 mm 两种，测量范围有 0～25 mm、25～50 mm、50～75 mm、75～100 mm 四种。

图 1-26　深弓千分尺

图 1-27　杠杆千分尺

练 习 题

一、填空题

1. 尺寸 $20_{0}^{+0.08}$ 的公称尺寸是_____，上极限偏差为_____，下极限偏差为_____，上极限尺寸为_____，下极限尺寸为_____，公差为_____。

2. 由于测量器具零位不准而出现的误差属于_____。

3. 千分尺是测量_____的常用量具之一，它测量的精度为_____ mm。

4. 千分尺测微螺杆的螺距为_____ mm，微分筒圆周面上共等分_____格，微分筒转 1 周，测微螺杆沿轴向移动_____ mm；微分筒转 1 格，测微螺杆移动_____mm，所以千分尺的测量精度为_____ mm。

二、问答题

1. 在使用外径千分尺进行测量时，要注意哪些事项？

2. 比较千分尺与游标卡尺在测量范围、测量精度与应用方面的差异。

项目二 偏心轴的检测

偏心轴是机械零件中常见的一种零件，用来支承传动零件、传递转矩，其具有配合和传动要求的圆柱面有较高的尺寸精度要求，圆柱面的轴线存在一定的偏心距，如图 2-1 所示。本项目主要学习标准公差、基本偏差和公差带代号等理论知识，了解百分表的结构原理，学习用百分表测量偏心距；通过检测偏心轴上尺寸和偏心距是否符合图纸要求，来判断零件的合格性。

(a) 零件

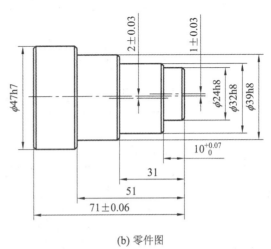

(b) 零件图

图 2-1 偏心轴

任务一 用千分尺检测轴径

▶▶▶ 任务概述

观察图 2-1 所示偏心轴零件的结构和加工情况，正确识读零件图上标注的尺寸和公差带代号的含义，用千分尺对零件上各尺寸进行检测，并判断其合格性。

▶▶▶ 任务目标

1. 知识目标

(1) 理解标准公差、基本偏差。

(2) 会查标准公差、基本偏差数值表。

(3) 掌握图样上公差带代号标注的含义。

2. 技能目标

能熟练使用千分尺测量轴的轴径。

▶▶▶ **知识链接**

一、标准公差

要实现互换性生产，必须建立公差与配合标准、表面粗糙度等一系列标准。国家标准 GB/T1800.1—2009《产品几何技术规范(GPS)极限与配合第 1 部分》规定的用以确定公差带大小的任一公差称为标准公差。标准公差等级代号由标准公差符号"IT"和等级数字组成。在公称尺寸至 500 mm 内规定了 IT01、IT0、IT1、IT2……IT18 共 20 个等级，在大于 500~3150 mm 内规定了 IT1~IT18 共 18 个等级。其中 IT01 精度最高，其余依次降低，IT18 精度最低。常用的标准公差数值见表 2-1。

公差等级越高，零件的精度就越高，但加工就越困难，生产成本就越高。因此在选择公差等级时，一般应在满足机器性能和使用要求的前提下，尽可能选用较低的公差等级。

表 2-1 常用标准公差数值

基本尺寸 /mm		标 准 公 差 等 级																
		IT1	IT2	IT3	IT4	IT5	IT6	IT7	IT8	IT9	IT10	IT11	IT12	IT13	IT14	IT15	IT16	IT17	IT18
大于	至	μm											mm						
—	3	0.8	1.2	2	3	4	6	10	14	25	40	60	0.1	0.14	0.25	0.4	0.6	1	1.4
3	6	1	1.5	2.5	4	5	8	12	18	30	48	75	0.12	0.18	0.3	0.48	0.75	1.2	1.8
6	10	1	1.5	2.5	4	6	9	15	22	36	58	90	0.15	0.22	0.36	0.58	0.9	1.5	2.2
10	18	1.2	2	3	5	8	11	18	27	43	70	110	0.18	0.27	0.43	0.7	1.1	1.8	2.7
18	30	1.5	2.5	4	6	9	13	21	33	52	84	130	0.21	0.33	0.52	0.84	1.3	2.1	3.3
30	50	1.5	2.5	4	7	11	16	25	39	62	100	160	0.25	0.39	0.62	1	1.6	2.5	3.9
50	80	2	3	5	8	13	19	30	46	74	120	190	0.3	0.46	0.74	1.2	1.9	3	4.6
80	120	2.5	4	6	10	15	22	35	54	87	140	220	0.35	0.54	0.87	1.4	2.2	3.5	5.4
120	180	3.5	5	8	12	18	25	40	63	100	160	250	0.4	0.63	1	1.6	2.5	4	6.3
180	250	4.5	7	10	14	20	29	46	72	115	185	290	0.46	0.72	1.15	1.85	2.9	4.6	7.2
250	315	6	8	12	16	23	32	52	81	130	210	320	0.52	0.81	1.3	2.1	3.2	5.2	8.1
315	400	7	9	13	18	25	36	57	89	140	230	360	0.75	0.89	1.4	2.3	3.6	5.7	8.9
400	500	8	10	15	20	27	40	63	97	155	250	400	0.63	0.97	1.55	2.5	4	6.3	9.7

注：① 此表只列出了基本尺寸小于 500 mm 的 IT1 至 IT18 的标准公差数值。

② 基本尺寸小于 1 mm 时，无 IT14 至 IT18。

③ IT01 和 IT0 很少应用，因此本表中未列。

二、基本偏差

国家标准规定的用以确定公差带相对于零线位置的上偏差或下偏差称为基本偏差，一般指靠近零线的那个偏差，如图 2-2 所示。公差带位于零线上方时，其基本偏差为下偏差，当公差带位于零线下方时，其基本偏差为上偏差。

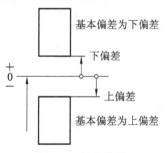

图 2-2　基本偏差

国家标准规定基本偏差代号用拉丁字母(按英文字母读音)表示，孔的基本偏差代号用大写字母表示，轴的基本偏差代号用小写字母表示。标准中对孔和轴各规定了 28 个基本偏差，见表 2-2。

表 2-2　孔和轴的基本偏差代号

孔	A	B	C	D	E	F	G	H	J	K	M	N	P	R	S	T	U	V	X	Y	Z			
			CD		EF	FG		JS														ZA	ZB	ZC
轴	a	b	c	d	e	f	g	h	j	k	m	n	p	r	s	t	u	v	x	y	z			
			cd		ef	fg		js														za	zb	zc

图 2-3 所示是基本偏差系列图，它表示基本尺寸相同的 28 种孔、轴的基本偏差相对零线的位置关系。基本偏差系列图中，公差带的一端是封闭的，它表示基本偏差，可通过查阅表 2-3 或表 2-4 来确定其数值；另一端是开口的，它的位置取决于标准公差等级。

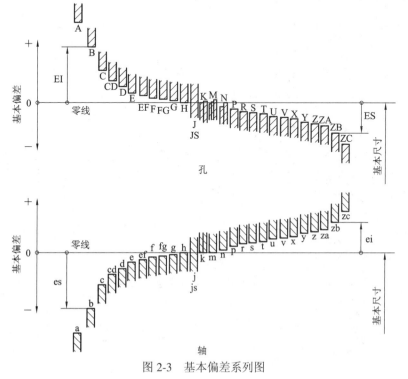

图 2-3　基本偏差系列图

表 2-3　尺寸≤500 mm 的孔的基本偏差数值(摘自 GB/T 1800.1—2009)

基本偏差数值/μm

| 公称尺寸/mm | | 下极限偏差 EI（所有标准公差等级） | | | | | | | | | | | JS | 上极限偏差 ES | | | | | | | | | P~ZC |
大于	至	A	B	C	CD	D	E	EF	F	FG	G	H		J(IT6)	J(IT7)	J(IT8)	K(≤IT8)	K(>IT8)	M(≤IT8)	M(>IT8)	N(≤IT8)	N(>IT8)	(≤IT7)
—	3	+270	+140	+60	+34	+20	+14	+10	+6	+4	+2	0	偏差等于 $\pm\dfrac{ITn}{2}$，式中 ITn 是 IT 的数值	+2	+4	+6	0	0	−2	−2	−4	−4	在大于 IT7 的相应数值上增加一个 Δ 值
3	6	+270	+140	+70	+46	+30	+20	+14	+10	+6	+4	0		+5	+6	+10	−1+Δ	—	−4+Δ	−4	−8+Δ	0	
6	10	+280	+150	+80	+56	+40	+25	+18	+13	+8	+5	0		+5	+8	+12	−1+Δ	—	−6+Δ	−6	−10+Δ	0	
10	14	+290	+150	+95	—	+50	+32	—	+16	—	+6	0		+6	+10	+15	−1+Δ	—	−7+Δ	−7	−12+Δ	0	
14	18	+290	+150	+95	—	+50	+32	—	+16	—	+6	0		+6	+10	+15	−1+Δ	—	−7+Δ	−7	−12+Δ	0	
18	24	+300	+160	+110	—	+65	+40	—	+20	—	+7	0		+8	+12	+20	−2+Δ	—	−8+Δ	−8	−15+Δ	0	
24	30	+300	+160	+110	—	+65	+40	—	+20	—	+7	0		+8	+12	+20	−2+Δ	—	−8+Δ	−8	−15+Δ	0	
30	40	+310	+170	+120	—	+80	+50	—	+25	—	+9	0		+10	+14	+24	−2+Δ	—	−9+Δ	−9	−17+Δ	0	
40	50	+320	+180	+130	—	+80	+50	—	+25	—	+9	0		+10	+14	+24	−2+Δ	—	−9+Δ	−9	−17+Δ	0	
50	65	+340	+190	+140	—	+100	+60	—	+30	—	+10	0		+13	+18	+28	−2+Δ	—	−11+Δ	−11	−20+Δ	0	
65	80	+360	+200	+150	—	+100	+60	—	+30	—	+10	0		+13	+18	+28	−2+Δ	—	−11+Δ	−11	−20+Δ	0	
80	100	+380	+220	+170	—	+120	+72	—	+36	—	+12	0		+16	+22	+34	−3+Δ	—	−13+Δ	−13	−23+Δ	0	
100	120	+410	+240	+180	—	+120	+72	—	+36	—	+12	0		+16	+22	+34	−3+Δ	—	−13+Δ	−13	−23+Δ	0	
120	140	+460	+260	+200	—	+145	+85	—	+43	—	+14	0		+18	+26	+41	−3+Δ	—	−15+Δ	−15	−27+Δ	0	
140	160	+520	+280	+210	—	+145	+85	—	+43	—	+14	0		+18	+26	+41	−3+Δ	—	−15+Δ	−15	−27+Δ	0	
160	180	+580	+310	+230	—	+145	+85	—	+43	—	+14	0		+18	+26	+41	−3+Δ	—	−15+Δ	−15	−27+Δ	0	
180	200	+660	+340	+240	—	+170	+100	—	+50	—	+15	0		+22	+30	+47	−4+Δ	—	−17+Δ	−17	−31+Δ	0	
200	225	+740	+380	+260	—	+170	+100	—	+50	—	+15	0		+22	+30	+47	−4+Δ	—	−17+Δ	−17	−31+Δ	0	
225	250	+820	+420	+280	—	+170	+100	—	+50	—	+15	0		+22	+30	+47	−4+Δ	—	−17+Δ	−17	−31+Δ	0	
250	280	+920	+480	+300	—	+190	+110	—	+56	—	+17	0		+25	+36	+55	−4+Δ	—	−20+Δ	−20	−34+Δ	0	
280	315	+1050	+540	+330	—	+190	+110	—	+56	—	+17	0		+25	+36	+55	−4+Δ	—	−20+Δ	−20	−34+Δ	0	
315	355	+1200	+600	+360	—	+210	+125	—	+62	—	+18	0		+29	+39	+60	−4+Δ	—	−21+Δ	−21	−37+Δ	0	
355	400	+1350	+680	+400	—	+210	+125	—	+62	—	+18	0		+29	+39	+60	−4+Δ	—	−21+Δ	−21	−37+Δ	0	
400	450	+1500	+760	+440	—	+230	+135	—	+68	—	+20	0		+33	+43	+66	−5+Δ	—	−23+Δ	−23	−40+Δ	0	
450	500	+1650	+840	+480	—	+230	+135	—	+68	—	+20	0		+33	+43	+66	−5+Δ	—	−23+Δ	−23	−40+Δ	0	

续表

公称尺寸/mm		基本偏差数值/μm																	
		上极限偏差 ES																	
		标准公差等级大于IT7												标准公差等级					
大于	至	P	R	S	T	U	V	X	Y	Z	ZA	ZB	ZC	IT3	IT4	IT5	IT6	IT7	IT8
—	3	-6	-10	-14	—	-18	—	-20	—	-26	-32	-40	-60	Δ=0					
3	6	-12	-15	-19	—	-23	—	-28	—	-35	-42	-50	-80	1	1.5	1	3	4	6
6	10	-15	-19	-23	—	-28	—	-34	—	-42	-52	-67	-97	1	1.5	2	3	6	7
10	14	-18	-23	-28	—	-33		-40	—	-50	-64	-90	-130	1	2	3	3	7	9
14	18						-39	-45	—	-60	-77	-108	-150						
18	24	-22	-28	-35	—	-41	-47	-54	-63	-73	-98	-136	-188	1.5	2	3	4	8	12
24	30				-41	-48	-55	-64	-75	-88	-118	-160	-218						
30	40	-26	-34	-43	-48	-60	-68	-80	-94	-112	-148	-200	-274	1.5	3	4	5	9	14
40	50				-54	-70	-81	-95	-114	-136	-180	-242	-325						
50	65	-32	-41	-53	-66	-87	-102	-122	-144	-172	-226	-300	-400	2	3	5	6	11	16
65	80		-43	-59	-75	-102	-120	-146	-174	-210	-274	-360	-480						
80	100	-37	-51	-71	-91	-124	-146	-178	-214	-258	-335	-445	-585	2	4	5	7	13	19
100	120		-54	-79	-104	-144	-172	-210	-254	-310	-400	-525	-690						
120	140	-43	-63	-92	-122	-170	-202	-248	-300	-365	-470	-620	-800	3	4	6	7	15	23
140	160		-65	-100	-134	-190	-228	-280	-340	-415	-535	-700	-900						
160	180		-68	-108	-146	-210	-252	-310	-380	-465	-600	-770	-1000						
180	200	-50	-77	-122	-166	-236	-284	-350	-425	-520	-670	-880	-1150	3	4	6	9	17	26
200	225		-80	-130	-180	-258	-310	-385	-470	-575	-740	-960	-1250						
225	250		-84	-140	-196	-284	-340	-425	-520	-640	-820	-1050	-1350						
250	280	-56	-94	-158	-218	-315	-385	-475	-580	-710	-920	-1200	-1550	4	4	7	9	20	29
280	315		-98	-170	-240	-350	-425	-525	-650	-790	-1000	-1300	-1700						
315	355	-62	-108	-190	-268	-390	-475	-590	-730	-900	-1150	-1500	-1900	4	5	7	11	21	32
355	400		-114	-208	-294	-435	-530	-660	-820	-1000	-1300	-1650	-2100						
400	450	-68	-126	-232	-330	-490	-595	-740	-920	-1100	-1450	-1850	-2400	5	5	7	13	23	34
450	500		-132	-252	-360	-540	-660	-820	-1000	-1250	-1600	-2100	-2600						

注:(1) 公称尺寸小于或等于 1 mm 时,基本偏差 A 和 B 及大于 IT8 的 N 均不采用。公差带 JS7 至 JS11,若 ITn 数值是奇数,则取偏差$=\pm\dfrac{ITn-1}{2}$。

(2) 对小于或等于 IT8 的 K、M、N 和小于或等于 IT7 的 P 至 ZC,所需 Δ 值从表内右侧栏选取。例如,18～30 mm 段的 K7,Δ=8 μm,所以 ES=-2+8=+6 μm。18～30 mm 段的 S6,Δ=4 μm,所以 ES=-35+4=-31 μm。特殊情况,250～315 mm 段的 M6,ES=-9 μm(代替 -11 μm)。

表 2-4 尺寸≤500 mm 的轴的基本偏差数值(摘自 GB/T 1800.1—2009)

公称尺寸 /mm	基本偏差/μm											
	上极限偏差 es											
	a	b	c	cd	d	e	ef	f	fg	g	h	js
	所有标准公差等级											
≤3	−270	−140	−60	−34	−20	−14	−10	−6	−4	−2	0	偏差等于 ±$\frac{\mathrm{IT}n}{2}$
>3～6	−270	−140	−70	−46	−30	−20	−14	−10	−6	−4	0	
>6～10	−280	−150	−80	−56	−40	−25	−18	−13	−8	−5	0	
>10～14	−290	−150	−95	—	−50	−32	—	−16	—	−6	0	
>14～18												
>18～24	−300	−160	−110	—	−65	−40	—	−20	—	−7	0	
>24～30												
>30～40	−310	−170	−120	—	−80	−50	—	−25	—	−9	0	
>40～50	−320	−180	−130									
>50～65	−340	−190	−140	—	−100	−60	—	−30	—	−10	0	
>65～80	−360	−200	−150									
>80～100	−380	−220	−170	—	−120	−72	—	−36	—	−12	0	
>100～120	−410	−240	−180									
>120～140	−460	−260	−200	—	−145	−85	—	−43	—	−14	0	
>140～160	−520	−280	−210									
>160～180	−580	−310	−230									
>180～200	−660	−340	−240	—	−170	−100	—	−50	—	−15	0	
>200～225	−740	−380	−260									
>225～250	−820	−420	−280									
>250～280	−920	−480	−300	—	−190	−110	—	−56	—	−17	0	
>280～315	−1050	−540	−330									
>315～355	−1200	−600	−360	—	−210	−125	—	−62	—	−18	0	
>355～400	−1350	−680	−400									
>400～450	−1500	−760	−440	—	−230	−135	—	−68	—	−20	0	
>450～500	−1650	−840	−480									

续表

公称尺寸/mm	j			k		m	n	p	r	s	t	u	v	x	y	z	za	zb	zc
	基本偏差/μm 下极限偏差 ei																		
	5~6	7	8	4~7	≤3 >7	所有标准公差等级													
≤3	-2	-4	-6	0	0	+2	+4	+6	+10	+14	—	+18	—	+20	—	+26	+32	+40	+60
>3~6	-2	-4	—	+1	0	+4	+8	+12	+15	+19	—	+23	—	+28	—	+35	+42	+50	+80
>6~10	-2	-5	—	+1	0	+6	+10	+15	+19	+23	—	+28	—	+34	—	+42	+52	+67	+97
>10~14	-3	-6	—	+1	0	+7	+12	+18	+23	+28	—	+33	—	+40	—	+50	+64	+90	+130
>14~18	-3	-6	—	+1	0	+7	+12	+18	+23	+28	—	+33	+39	+45	—	+60	+77	+108	+150
>18~24	-4	-8	—	+2	0	+8	+15	+22	+28	+35	—	+41	+47	+54	+63	+73	+98	+136	+188
>24~30	-4	-8	—	+2	0	+8	+15	+22	+28	+35	+41	+48	+55	+64	+75	+88	+118	+160	+218
>30~40	-5	-10	—	+2	0	+9	+17	+26	+34	+43	+48	+60	+68	+80	+94	+112	+148	+200	+274
>40~50	-5	-10	—	+2	0	+9	+17	+26	+34	+43	+54	+70	+81	+97	+114	+136	+180	+242	+325
>50~65	-7	-12	—	+2	0	+11	+20	+32	+41	+53	+66	+87	+102	+122	+144	+172	+226	+300	+405
>65~80	-7	-12	—	+2	0	+11	+20	+32	+43	+59	+75	+102	+120	+146	+174	+210	+274	+360	+480
>80~100	-9	-15	—	+3	0	+13	+23	+37	+51	+71	+91	+124	+146	+178	+214	+258	+335	+445	+585
>100~120	-9	-15	—	+3	0	+13	+23	+37	+54	+79	+104	+144	+172	+210	+254	+310	+400	+525	+690
>120~140	-11	-18	—	+3	0	+15	+27	+43	+63	+92	+122	+170	+202	+248	+300	+365	+470	+620	+800
>140~160	-11	-18	—	+3	0	+15	+27	+43	+65	+100	+134	+190	+228	+280	+340	+415	+535	+700	+900
>160~180	-11	-18	—	+3	0	+15	+27	+43	+68	+108	+146	+210	+252	+310	+380	+465	+600	+780	+1000
>180~200	-13	-21	—	+4	0	+17	+31	+50	+77	+122	+166	+236	+284	+350	+425	+520	+670	+880	+1150
>200~225	-13	-21	—	+4	0	+17	+31	+50	+80	+130	+180	+258	+310	+385	+470	+575	+740	+960	+1250
>225~250	-13	-21	—	+4	0	+17	+31	+50	+84	+140	+196	+284	+340	+425	+520	+640	+820	+1050	+1350
>250~280	-16	-26	—	+4	0	+20	+34	+56	+94	+158	+218	+315	+385	+475	+580	+710	+920	+1200	+1550
>280~315	-16	-26	—	+4	0	+20	+34	+56	+98	+170	+240	+350	+425	+525	+650	+790	+1000	+1300	+1700
>315~355	-18	-28	—	+4	0	+21	+37	+62	+108	+190	+268	+390	+475	+590	+730	+900	+1150	+1500	+1900
>355~400	-18	-28	—	+4	0	+21	+37	+62	+114	+208	+294	+435	+530	+660	+820	+1000	+1300	+1650	+2100
>400~450	-20	-32	—	+5	0	+23	+40	+68	+126	+232	+330	+490	+595	+740	+920	+1100	+1450	+1850	+2400
>450~500	-20	-32	—	+5	0	+23	+40	+68	+132	+252	+360	+540	+660	+820	+1000	+1250	+1600	+2100	+2600

注: (1) 公称尺寸小于 1 mm 时，各级的 a 和 b 均不采用。

(2) js 的数值，对 IT7～IT11，若 ITn 数值(μm)为奇数，则取 $js=\pm\dfrac{ITn-1}{2}$。

三、公差带代号

孔、轴公差带代号由基本偏差代号与公差等级代号组成。图样上标注尺寸公差时，可用基本尺寸与公差带代号表示，如图 2-4 所示。

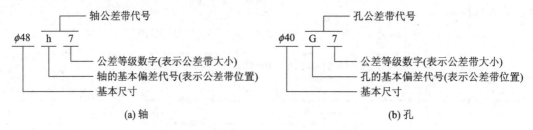

图 2-4 公差带代号

图样上也可用基本尺寸与极限偏差表示，还可用基本尺寸与公差带代号、极限偏差共同表示。

例如：轴可用 $\phi 16d9$、$\phi 16^{-0.050}_{-0.093}$ 或 $\phi 16d9(^{-0.050}_{-0.093})$ 表示；

孔可用 $\phi 40G7$、$\phi 40^{+0.034}_{+0.009}$ 或 $\phi 40G7(^{+0.034}_{+0.009})$ 表示。

比较这三种标注方法，其特点如下：

(1) $\phi 40G7$ 标注方法能清楚地表示公差带的性质，但偏差值要查表。

(2) $\phi 40^{+0.034}_{+0.009}$ 这种标注上、下偏差数值的方法，对于零件加工较为方便。

(3) $\phi 40G7(^{+0.034}_{+0.009})$ 这种公差带代号与偏差值共同标注的方法，兼有上面两种注法的优点，但标注较麻烦。

在零件图样中，有些尺寸只标注了基本尺寸，而没有标注极限偏差，我们把这类公差称为一般公差。它是在车间里一般加工条件下可以保证的公差，主要用于低精度的非配合尺寸。

国标规定，采用一般公差时，在图样上不单独注出公差，而是在图样上、技术文件或技术标准中作出总的说明。国标对线性尺寸的一般公差规定了 4 个等级：f(精密级)、m (中等级)、c(粗糙级)、v(最粗级)。

四、孔、轴极限偏差数值的确定

1. 基本偏差数值

表 2-4 列出了孔的基本偏差数值，表 2-5 列出了轴的基本偏差数值。

查表时应注意以下几点：

(1) 基本偏差代号有大、小写之分，大写的查孔基本偏差数值表，小写的查轴基本偏差数值表。

(2) 查基本尺寸时，对处于基本尺寸段界限位置的基本尺寸该属于哪个尺寸段，不要弄错。如 $\phi 50$，应查"大于 40 至 50"一行，而不应查"大于 50 至 65"一行。

(3) 分清基本偏差是上偏差还是下偏差(注意表上方标示)。

(4) 代号 j、k、J、K、M、N、P~ZC 的基本偏差数值与公差等级有关,查表时应根据基本偏差代号和公差等级查表中相应的列。

例　查表确定 ϕ50f8 的标准公差和基本偏差,并计算另一极限偏差。

解　第一步:查阅表 2-5,可查到 f 的基本偏差为上偏差。其数值为

$$es = -0.025 \text{ mm}$$

第二步:查阅表 2-1,可查到标准公差数值为

$$IT8 = 0.039 \text{ mm}$$

第三步:计算另一极限偏差为:

$$ei = es - IT = -0.025 - 0.039 = -0.064 \text{ mm}$$

2. 极限偏差表

上述计算方法在实际使用中较为麻烦,所以国标 GB/T1800.4—1999《极限与配合 标准公差等级和孔、轴的极限偏差》中列出了轴的极限偏差表和孔的极限偏差表。利用查表的方法,能直接确定孔和轴的两个极限偏差数值。

查表时仍由基本尺寸查行,由基本偏差代号和公差等级查列,行与列相交处的框格有上下两个偏差数值,上方的为上偏差,下方的为下偏差。

▶▶▶ 任务实施

一、计算极限偏差

读偏心轴零件图,查相关尺寸的标准公差数值表和基本偏差数值表,计算极限偏差。

二、千分尺及零件检查

(1) 根据被测工件的尺寸选择相应的千分尺。

(2) 将千分尺测量面擦拭干净,校准零线。

(3) 将工件被测表面擦拭干净。

三、检测零件

(1) 将工件置于两测量面之间,使千分尺测量轴线与工件中心线垂直或平行。

(2) 旋转微分筒,使砧端与工件测量表面接近,这时旋转测力旋钮,直到棘轮发出 2~3 声"嘎嘎"声时为止,然后旋紧锁紧螺钉。

(3) 视线与刻线表面保持垂直,读出测量值。

(4) 将千分尺擦拭干净,并涂上一层工业凡士林,然后存放在专业盒内。

四、检测数据及评定

按要求进行偏心轴的尺寸测量并填写下表:

检测项目	偏心轴的尺寸测量				
量具名称			分度值		
被测尺寸	测量记录				
	截面 1		截面 2		平均值
	Ⅰ-Ⅰ	Ⅱ-Ⅱ	Ⅰ-Ⅰ	Ⅱ-Ⅱ	
测量结果	合格性判断				
	判断理由				

▶▶▶ 知识拓展

一、公差等级的应用

各种加工方法能达到的公差等级是不同的,在选择加工方法时要考虑零件的公差等级,合理地选择。各种常用加工方法与公差等级的关系见表 2-5。

表 2-5 各种常用加工方法与公差等级的关系

加工方法	公差等级 IT																	
	01	0	1	2	3	4	5	6	7	8	9	10	11	12	13	14	15	16
研磨	—	—	—	—	—	—	—											
珩						—	—	—	—									
圆磨							—	—	—	—								
平磨							—	—	—	—								
金刚石车							—	—	—									
金刚石镗							—	—	—									
拉削							—	—	—	—								
铰孔								—	—	—	—	—						
车									—	—	—	—	—					
镗									—	—	—	—	—					
铣										—	—	—	—					
刨、插												—	—					
钻孔												—	—	—	—			
滚压、挤压												—	—					
冲压												—	—	—	—			
压铸													—	—	—	—		
粉末冶金成型								—	—									
粉末冶金烧结									—	—	—							
砂型铸造、气割																		—
锻造																—		

二、一般、常用和优先的公差带

根据国标规定，标准公差等级有 20 级，基本偏差有 28 个，由此可组成很多种公差带。但在生产实践中，若使用这样多的公差带，既发挥不了标准化应有的作用，也不利于生产。国标在满足我国实际需要和考虑生产发展需要的前提下，为了尽可能减少零件、定值刀具、定值量具和工艺装备的品种、规格，对孔和轴所选用的公差带作了必要的限制。

国标对基本尺寸至 500 mm 的孔、轴规定了优先、常用和一般用途三类公差带。轴的一般用途公差带有 116 种，其中又规定了 59 种常用公差带，用线框框住的公差带；在常用公差带中又规定了 13 种优先公差带，用圆圈框住的公差带，如图 2-5 所示。

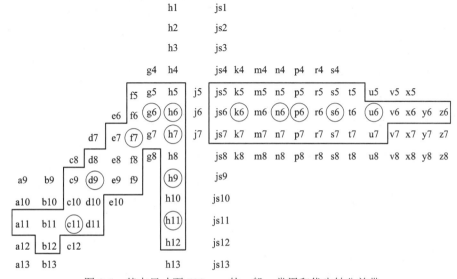

图 2-5 基本尺寸至 500 mm 的一般、常用和优先轴公差带

同样，对孔公差带也规定了 105 种一般用途公差带、44 种常用公差带和 13 种优先公差带，如图 2-6 所示。

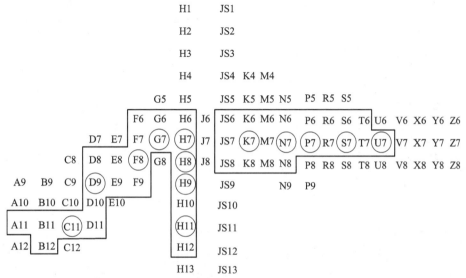

图 2-6 基本尺寸至 500 mm 的一般、常用和优先孔公差带

在实际应用中，对各类公差带选择的顺序是：先是优先公差带，其次是常用公差带，再是一般公差带。

练 习 题

一、填空题

1. 标准公差规定了_____级，最高级为_____，最低级为_____。
2. 标准中对孔和轴各规定了_____个基本偏差。
3. 国家标准规定的用以确定_____的任一公差称为标准公差。
4. 孔、轴公差带代号由_____代号与_____代号组成。
5. 线性尺寸的一般公差分_____、_____、粗糙(c)、_____共 4 个等级。

二、问答题

1. 解释下列公差带代号的含义：
(1) $\phi 30H7$ (2) $\phi 80js8$ (3) $\phi 25h6$ (4) $\phi 120t6$
2. 查公差数值表和基本偏差表，计算极限偏差：
(1) $\phi 30H7$ (2) $\phi 80JS8$ (3) $\phi 25h6$ (4) $\phi 120t6$

任务二 用百分表检测偏心距

▶▶▶ 任务概述

分析图 2-1 所示偏心轴零件图上标注的偏心尺寸要求，用百分表对零件的偏心距进行检测。

▶▶▶ 任务目标

1. 知识目标

(1) 了解百分表的结构、工作原理。
(2) 掌握百分表的读数和使用方法。

2. 技能目标

会正确使用百分表检测偏心距。

▶▶▶ 知识链接

一、百分表

1. 百分表的用途

百分表是应用最为广泛的一种机械式量仪，常用于生产中检测长度尺寸、几何误差，调整设备或装夹找正工件，以及用来作为各种检测夹具及专用量仪的读数装置等。

2. 百分表的结构

百分表的结构如图 2-7 所示。它是将其测量杆的直线位移经过齿条和齿轮传动系统，转变为指针在表盘的角位移而进行读数的一种通用量具。其使用简单，维修方便，测量范围大，不仅能用于比较测量，也能用于绝对测量。常用的百分表量程有 0～3 mm、0～5 mm 和 0～10 mm 三种。

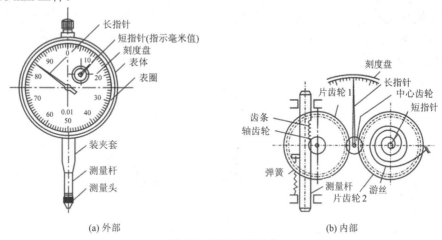

(a) 外部   (b) 内部

图 2-7 百分表的结构

百分表的内部结构及传动原理如图 2-7(b)所示。测量杆上的齿条与轴齿轮啮合；与轴齿轮同轴的片齿轮 1 与中心齿轮啮合；中心齿轮上连接长指针；中心齿轮与片齿轮 2(与片齿轮 1 相同)啮合；片齿轮 2 上连接短指针。当被测尺寸变化引起测量杆上下移动时，测量杆上部的齿条即带动轴齿轮及片齿轮转动；此时，中心齿轮与其轴上的长指针也随之转动，并在表盘上指示示值。同时，短指针通过片齿轮指示出长指针的回转圈数。为了消除齿轮传动中因啮合间隙引起的误差，使传动平稳可靠，在片齿轮 2 上安装了游丝。

3. 百分表的分度原理

百分表的测量杆移动 1 mm，大指针正好回转一圈。在百分表的表盘上沿圆周刻有 100 个刻度，当指针转过 1 格时，表示所测量的尺寸变化为 1 mm/100 = 0.01 mm，所以百分表的分度值为 0.01 mm。

4. 百分表架

使用百分表测量时，应将百分表安装在百分表座或专用夹具上，图 2-8 所示为常用的百分表座和百分表架。

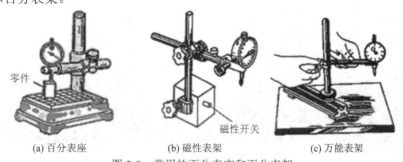

(a) 百分表座   (b) 磁性表架   (c) 万能表架

图 2-8 常用的百分表座和百分表架

二、百分表的使用方法

(1) 测量前应检查表盘玻璃是否破裂或脱落，测量头、测量杆等是否有碰伤或锈蚀，指针有无松动以及转动是否平稳，测量头上、下移动是否灵活等。

(2) 测量头与被测表面接触时，测量杆应压缩 0.3～1 mm，以保持一定的初始测量力。

(3) 测量时应轻提测量杆，移动工件至测量头下面(或将测量头移至工件上)，再缓慢放下与被测表面接触。不能突然撞击在被测表面，否则易造成测量误差。也不能将工件强行推入至测量头下，以免损坏量仪，如图 2-9 所示。

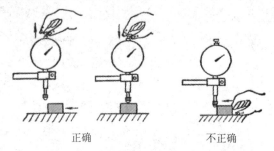

正确　　　　　　　　　不正确

图 2-9　百分表测量方法

(4) 测量平面时测量杆应垂直于零件被测表面，如图 2-10 所示。

(5) 测量圆柱面时，测量杆的中心线要通过被测圆柱面的中心线，如图 2-11 所示。

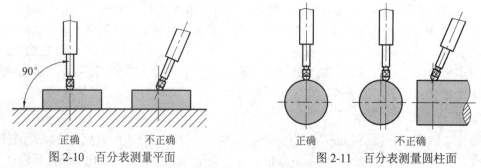

正确　　　　不正确　　　　　　　　正确　　　　不正确

图 2-10　百分表测量平面　　　　　　图 2-11　百分表测量圆柱面

(6) 用百分表进行相对测量时，测量前先用标准件或量块校对百分表，转动表圈，使表盘的零刻度线对准指针，然后再测量工件，从表中读出工件尺寸相对标准件或量块的偏差，从而确定工件尺寸，如图 2-12 所示。

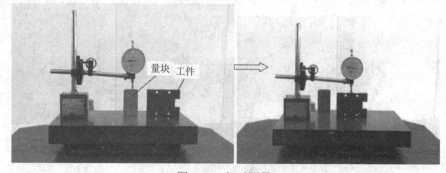

量块　工件

图 2-12　相对测量

三、百分表的维护保养

(1) 使用前应检查百分表测量头是否有损坏，测量杆移动是否灵活，指针是否有松动、转动不平稳等现象。

(2) 在遇到测量杆移动不灵活或发生阻滞时，不允许用强力推压测量头，应送交计量部门检查修理。

(3) 百分表要轻拿轻放，不要使表受到剧烈的振动和撞击，也不要敲打表的任何部位。

(4) 使用时表架要放稳，以免百分表跌落损坏。

(5) 严防水、油等进入表内，以免机件腐蚀。不允许随便拆卸表的后盖。

(6) 严禁测量表面粗糙或有明显凹凸的工件表面，以免测量杆发生歪扭和受到旁侧压力而损坏测量杆和其他机件。

(7) 测量时不要用力过大或过快地按压测量头，避免活动测量头受到剧烈振动。

(8) 不要把百分表放置在磁场附近，以免机件被磁化，降低灵敏度或失去应有的精度。

(9) 百分表使用完毕，必须用干净的布或软纸将表的各部分擦干净，在测量头上涂好防锈油并放回盒内，让测量杆处于自由状态，避免表内弹簧失效。

▶▶▶ 任务实施

一、准备与检查

(1) 准备好两块等高 V 形铁、百分表、表架。

(2) 检查百分表。要求表面清晰，没有损坏，后盖严密；表盘指针不晃动，指针转动平稳，与表盘无摩擦；测量杆活动平稳、灵活；推动测量杆并松开后，指针能自动复位，误差小于 ±0.003 mm；测量杆行程符合要求。将百分表测量头擦拭干净。

(3) 百分表校零。指针保持不动，转动表盘，使 "0" 线与指针重合。也可将测量头与被测量面接触，指针预先转过 0.5～1 圈后指针的停留位置作为测量起始位置，再调 "0"。

测量偏心距时，测量头开始与被测表面接触，测量杆的压缩量要根据偏心距的大小而定。

(4) 检查零件，去除零件上的毛刺，并用干净棉布将零件擦拭干净。

二、检测工件

(1) 把 V 形铁放在平板上，将零件基准圆柱放在 V 形铁中，如图 2-13 所示。

图 2-13　将零件基准圆柱放在 V 形铁中

(2) 将百分表测量杆垂直向下，测量头与被测偏心圆柱接触(测量头的压缩量大于偏心距的 2 倍)，测量杆的中心线要通过被测偏心圆柱的轴线，如图 2-14 所示。

(3) 转动 V 形铁中的零件，使测量头处于偏心圆柱的最高点(或最低点)，然后将百分表调零。

(4) 转动 V 形铁中的零件，观察百分表指针的最大变动量，并记录数据。

(5) 计算偏心距，百分表指针最大变动量的一半即为偏心距的值。

图 2-14　在 V 形铁上测量偏心距

三、检测数据及评定

按要求检测偏心距并填写下表：

检测项目	偏心距	量具名称	百分表	分度值	0.01 mm
测量 记录	尺寸要求	测量数据	实际偏心距	测量结果合格性判断	
	2 ± 0.03				
	1 ± 0.03				

▶▶▶ 知识拓展

用偏摆仪测量偏心距

两端有中心孔的偏心轴，如果偏心距较小，工件可安装在偏摆仪两顶尖之间，测量头接触在偏心部位上(最高点)，用手转动轴，百分表上指示出的最大值(最高点)和最小值(最低点)之差的一半即为偏心距的实际尺寸，如图 2-15 所示。

图 2-15　在偏摆仪上测量偏心距

练 习 题

一、填空题

1. 百分表是一种_____量仪，测量精度为_____mm。当测量精度为 0.001 mm 时称为_____表。

2．使用百分表测量，表盘内长指针转过 1 周，百分表测量杆移动_____mm；长指针转过 1 格，测量杆移动_____mm；测量杆移动 1 个齿时，长指针转过_____格。

二、问答题

1．百分表的用途是什么？

2．简述百分表的正确使用方法。

项目三 套类零件的检测

轴类零件主要用来支承传动零件和传递动力，而套类零件一般装在轴上或孔中，主要作用是与传动件等结合后传递动力。图 3-1 所示分梳辊，是纺纱机的心脏部件，其结构尺寸不大，但内孔的尺寸精度、表面精度要求高。同时，由于是批量生产，内孔在加工时的检测和成品的质量检验需要采用不同的方法。本项目主要学习配合制度、配合的性质、光滑极限量规等理论知识，了解内径百分表的结构、使用方法；学习用百分表检测孔径和用量规检测孔径，以判断内孔尺寸是否符合要求，从而评判零件的合格性。

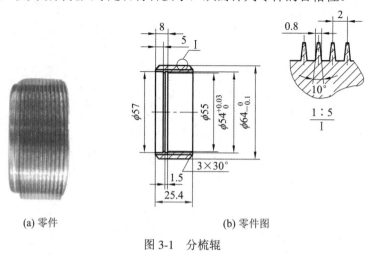

(a) 零件   (b) 零件图

图 3-1 分梳辊

任务一 用内径百分表检测孔径

▶▶▶ 任务概述

观察图 3-1 分梳辊的内孔情况，正确识读零件图上标注的尺寸，用内径百分表对零件上的内孔尺寸 $\phi 54^{+0.03}_{0}$ 进行检测，判断其合格性。

▶▶▶ 任务目标

1. 知识目标

(1) 了解内径百分表的结构。

(2) 掌握内径百分表的读数、使用方法。

2. 技能目标

会用内径百分表检测孔径。

▶▶▶ 测量器具准备

本任务所用内径百分表如图 3-2 所示。

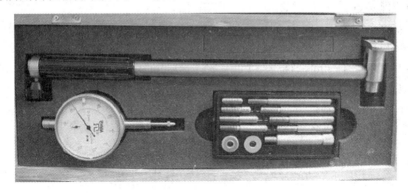

图 3-2 内径百分表

▶▶▶ 知识链接

一、内径百分表结构

在生产中，对于孔径的测量可采用不同的方法，具体应根据生产的批量大小、测量精度的高低、尺寸的大小以及零件的结构等因素来选择。其中，用内径百分表测量孔径就是我们常用的测量方法之一。

内径百分表是一种用相对测量法测量孔径的量仪。其结构如图 3-3 所示。它特别适合于深孔测量。内径百分表按其测量头形式可分为带定位护桥和不带定位护桥两类，不带定位护桥又有胀簧式和钢球式两种。定位护桥的作用是帮助找正直径的位置，使内径表的两个测量头正好在内孔直径的两端。

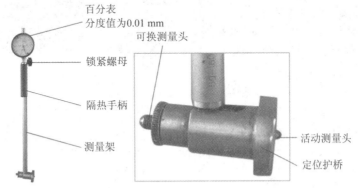

图 3-3 内径百分表的结构

二、内径百分表分度原理与读数

内径百分表是利用活动测量头移动的距离与百分表的示值相等原理来读数的。活动测量头的移动量通过百分表内的齿轮传动机构转变为指针的偏转量显示在表盘上。当活动测量头移动 1 mm 时，百分表指针回转一圈，表盘上刻有 100 格，每一格即为 0.01 mm，因此，百分表的分度值为 0.01 mm。

读数时，先读短指针与起始位置之间的整数，再读长指针在表盘上所指的小数部分，两个数值相加就是被测尺寸。

内径百分表活动测量头的移动量有 0～3 mm、0～5 mm、0～10 mm。它的测量范围是由更换或调整可换测量头的长度来达到的。因此，每台内径百分表都附有成套的可换测量头，测量范围有 10～18 mm、18～35 mm、35～50 mm、50～100 mm、100～160 mm 等。活动测量头的测量压力由测量架内的弹簧控制，并保证其测量压力一致。

三、内径百分表的安装与校正

1. 根据被测孔径安装与调整内径百分表

按图 3-4 所示的方法，将百分表装入量杆内，预压 1 mm 左右，使短指针指在 0～1 的位置上，然后旋紧锁紧螺母。

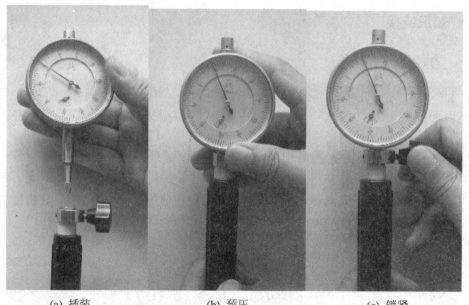

(a) 插装   (b) 预压   (c) 锁紧

图 3-4 百分表安装示意图

根据被测零件基本尺寸选择适当的可换测量头装入量杆的头部，并用专用扳手扳紧锁紧螺母。此时应特别注意可换测量头与活动测量头之间的长度须大于被测尺寸 0.8～1 mm，以便测量时活动测量头能在基本尺寸一定的正、负范围内自由运动。

2. 校准零位

因内径百分表是用相对法测量的器具，故在使用前必须用其他量具根据被测件的基本尺寸校对内径百分表的零位。校对零位的常用方法有以下三种：

(1) 用量块校对零位。按被测零件的基本尺寸组合量块，并装夹在量块的附件中，将内径百分表的两个测量头放在量块附件两个量脚之间，摆动量杆使百分表读数最小，此时可转动百分表的表盘，将刻度盘的零刻线转到与百分表的长指针对齐。

该方法能保证零位校对的准确度及内径百分表的测量精度，但操作比较麻烦，且对量块的使用环境要求较高。

(2) 用标准环规校对零位。按被测零件的基本尺寸选择名义尺寸相同的标准环规，再按标准环规的实际尺寸校对内径百分表的零位，如图 3-5 所示。

该方法操作简便，并能保证零位校对的准确度。但因校对零位需制造专用的标准环规，故该方法只适合检测生产批量较大的零件。

(3) 用外径千分尺校对零位。按被测零件的基本尺寸选择适当测量范围的外径千分尺，将外径千分尺调至被测零件的基本尺寸，把内径百分表的两测头放在外径千分尺的两个量砧之间校对零位，如图 3-6 所示。

 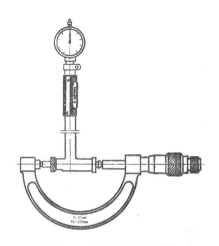

图 3-5　用标准环规校对零位　　　　图 3-6　用千分尺校对零位

该方法因受外径千分尺精度的影响，故其校对零位的准确度和稳定性不高，从而降低了内径百分表的测量精确度。但因该方法易于操作和实现，适于在生产现场对精度要求不高的单件或小批量零件的检测，故仍得到较广泛的应用。

▶▶▶ 任务实施

一、准备与检查

(1) 将百分表装入量杆内，预压 1 mm 左右，使短指针指在 0~1 的位置上，再旋紧锁紧螺母。

(2) 使用游标卡尺测量分梳辊内孔后获得基本尺寸，根据所测尺寸选用合适的可换测量头并调整垫圈，使可换测量头与活动测量头之间的长度大于所测尺寸 0.8~1.0 mm。

(3) 用外径千分尺校对内径百分表的零位。

二、检测工件

手握内径百分表的隔热手柄，先将内径百分表的活动测量头和定位护桥轻轻压入被测孔径中，然后再将固定测量头放入。当测量头达到指定的测量部位时，将内径百分表微微在轴向截面内摆动，同时读出指针指示的最小数值，即为该测量点孔径的实际偏差，如图

3-7 所示。按图 3-8 所示的测量点对工件进行多次测量。

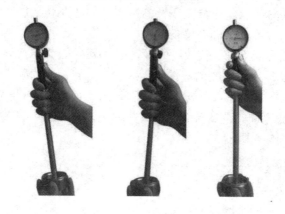

图 3-7　用内径百分表测量示意图

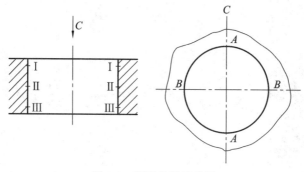

图 3-8　测量位置示意图

操作时注意：

(1) 装卸表头时，要松开锁紧螺母，不要硬行插入或拔出。

(2) 测量时，不要用力过大或过快地按压活动测量头，不能让测量头受到剧烈振动。

(3) 读数时，要正确判断实际偏差的正、负值，当表针按顺时针方向转动时，未达到零点的读数为正值，超过零点的读数为负值。

三、检测数据及评定

按要求测量孔径并填写下表：

检测项目	孔径					
测量器具	内径百分表	测量范围	mm	分度值		mm
测量部位	测量记录					
	截面 I		截面 II		截面III	
	A—A	B—B	A—A	B—B	A—A	B—B
实际偏差						
测量结果	合格性判断					
	判断理由					

▶▶▶ **知识拓展**

公差带图

为了能更直观地反映尺寸、偏差、公差之间的关系，我们常用图 3-9 所示的表达形式，这种图称为公差带图。

公差带有两个基本参数，即公差带大小与位置。公差带大小由标准公差确定，位置由基本偏差确定。在公差带图中，零线是表示基本尺寸的一条直线，是确定基本偏差的基准线，是偏差的起始线，零线上方表示正偏差，零线下方表示负偏差。在画公差带图时，注上相应的符号"0""+"和"−"号，并在零线下方画上带单箭头的尺寸线，标上基本尺寸值，如图 3-9(a)所示。

公差带图中，公差带是由代表上、下极限偏差的两条直线所限定的一个区域。公差带沿零线方向的长度可适当选取。图中尺寸单位统一采用毫米(mm)，但偏差及公差的单位也可以用微米(μm)表示，并省略不注写。

图 3-9(b)为 $\phi 25^{+0.021}_{0}$ 孔与 $\phi 25^{-0.020}_{-0.033}$ 轴的公差带图示例。

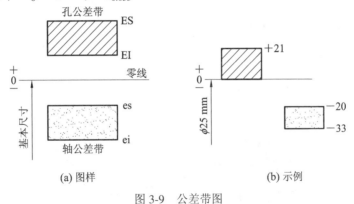

(a) 图样　　　　　　　　　(b) 示例

图 3-9　公差带图

练　习　题

一、填空题

1. 用内径表测量孔径的方法属于_____测量法。(填"绝对"、"相对")

2. 用内径表测量孔径时，在_____情况下，读数为正值；在_____情况下，读数是负值。

3. 常用尺寸段的标准公差的大小，随基本尺寸的增大而_____，随公差等级的提高而_____。

4. $\phi 45^{+0.005}_{0}$ 孔的基本偏差数值为_____，$\phi 50^{-0.050}_{-0.112}$ 轴的基本偏差数值为_____。

二、问答题

1. 简述内径表的正确安装过程。

2. 简述内径表的使用注意事项。

任务二　用塞规检测孔径

▶▶▶ 任务概述

在大批量生产时，用量规检测成品零件，简单方便，效率高。在正确识读分梳辊零件图后，用塞规对分梳辊 $\phi 54^{+0.03}_{0}$ 孔进行检测，判断其合格性。

▶▶▶ 任务目标

1．知识目标

(1) 熟悉配合的代号、制度、类型及公差带图。

(2) 了解量规的分类及特点。

(3) 掌握量规的使用方法。

2．技能目标

会正确使用塞规检测零件孔径。

▶▶▶ 测量器具准备

本任务所用塞规如图 3-10 所示。

图 3-10　塞规

▶▶▶ 知识链接

一、配合

机器装配时，为了满足各种使用要求，零件装配后必须达到设计给定的松紧程度。我们把公称尺寸相同、相互结合的孔和轴公差带之间的关系，称为配合。配合分为间隙配合、过渡配合和过盈配合三种。

1．配合代号

在图 3-11 的装配图样中，我们经常见到 $\phi 34 \dfrac{\text{H6}}{\text{h5}}$ 的尺寸标注形式，这就是配合代号，它由公称尺寸、孔公差代号和轴公差代号组成。

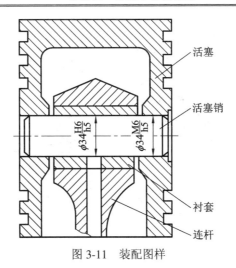

图 3-11 装配图样

2. 配合性质与配合制度

当改变配合的孔或轴的公差带位置时，必会引起配合松紧程度的变化，国标把配合分为间隙配合、过渡配合和过盈配合三种。在实际应用中，我们通常先固定孔或轴的公差带位置中的一个，再通过改变另一个来得到不同的配合，这种方法就称为配合制度，即基孔制和基轴制。配合制度与配合性质的具体内容见表 3-1。

表 3-1 配合制度与配合性质

术　语		定义与特征	示例
配合制度	基孔制	基本偏差代号为 H 的孔与不同基本偏差的轴的公差带组成的配合	$\phi25\dfrac{H8}{f7}$
	基轴制	基本偏差代号为 h 的轴与不同基本偏差的孔的公差带组成的配合	$\phi60\dfrac{R6}{h7}$
配合性质	间隙配合	具有间隙(包括最小间隙为零)的配合。其特征是孔的尺寸减去与配合的轴的尺寸所得为正值	$\phi25\dfrac{H8}{f7}$
	过渡配合	可能具有间隙也可能具有过盈的配合	$\phi30\dfrac{H7}{k7}$
	过盈配合	具有过盈(包括最小过盈等于零)的配合。其特征是孔的尺寸减去与配合的轴的尺寸所得为负值	$\phi60\dfrac{R6}{h7}$
配合公差 T_f		允许间隙或过盈的变动量。配合公差反映配合的松紧变化程度，表示配合精度，是评定配合质量的一个重要指标	$T_f = T_D + T_d$

3. 配合公差带

(1) 配合制度。配合制度示意图如图 3-12 所示。

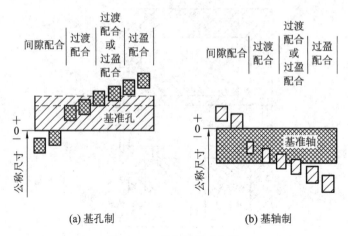

(a) 基孔制   (b) 基轴制

图 3-12　配合制度示意图

(2) 间隙配合。孔的公差带在轴的公差带的上方，其特征是出现最大间隙 X_{max} 和最小间隙 X_{min}，如图 3-13 所示。

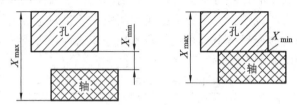

图 3-13　间隙配合公差带示意图

孔的最大极限尺寸减去轴的最小极限尺寸所得的代数差称为最大间隙，用 X_{max} 表示；孔的最小极限尺寸减去轴的最大极限尺寸所得的代数差称为最小间隙，用 X_{min} 表示。

$$X_{max} = D_{max} - d_{min} = ES - ei$$

$$X_{min} = D_{min} - d_{max} = EI - es$$

(3) 过盈配合。孔的公差在轴的公差带的下方，其特征是出现最大过盈 Y_{max} 和最小过盈 Y_{min}，如图 3-14 所示。

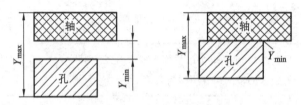

图 3-14　过盈配合公差带示意图

孔的最小极限尺寸减去轴的最大极限尺寸所得代数差称为最大过盈，用 Y_{max} 表示；孔的最大极限尺寸减去轴的最小极限尺寸所得代数差称为最小过盈，用 Y_{min} 表示。

$$Y_{max} = D_{min} - d_{max} = EI - es$$

$$Y_{\min} = D_{\max} - d_{\min} = ES - ei$$

(4) 过渡配合。孔的公差带与轴的公差带相互重叠，其特征是出现最大间隙 $X_{\max}$ 和最大过盈 $Y_{\max}$，如图 3-15 所示。

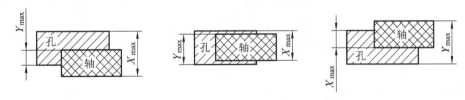

图 3-15 过渡配合公差带示意图

二、光滑极限量规

零件尺寸的测量器具一般可分为两大类：一类是前面学过的通用测量器具，如游标卡尺、千分尺、指示表等，它们是有刻线的量具，能测出零件尺寸的大小；另一类是量规，它们是没有刻线的专用测量器具，不能测出零件尺寸的大小，只能确定被测零件尺寸是否在规定的极限尺寸范围内，从而判断零件是否合格。这种检验零件的量具称为光滑极限量规，简称量规。在大批量生产时，用量规检测，方便简单、效率高、省时可靠，所以应用广泛。

1. 量规的种类

(1) 量规按用途分为工作量规、验收量规、校对量规。

① 工作量规：生产者在生产过程中用来检验工件用的量规。

② 验收量规：检验员或用户验收产品时使用的量规。

③ 校对量规：检验工作量规的量规。

(2) 量规按检验对象分为塞规、卡规。

① 塞规：检验孔的量规，由通规和止规组成(通规用 T 表示，止规用 Z 表示)。通规，也称过规或过端，其尺寸是按照被测孔的下极限尺寸制作的；止规，也称不过规或止端，其尺寸是按照被测孔的上极限尺寸制作的，如图 3-16 所示。

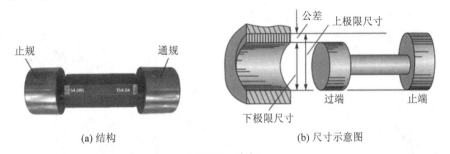

(a) 结构　　　　　　　　　　　(b) 尺寸示意图

图 3-16 塞规

② 卡规(或环规)：检验轴的量规，也由通规和止规组成。通规的尺寸是按轴的上极限尺寸制作的；止规是按照轴的下极限尺寸制作的，如图 3-17 所示。

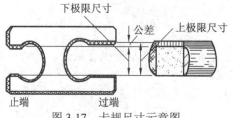

图 3-17　卡规尺寸示意图

2. 维护与保养

(1) 不能用手触摸量规的工作表面，以免引起生锈。

(2) 使用期间，要把量规放在指定的可靠的地方，避免因摔落造成损坏。

(3) 量规使用完毕，要用清洁的棉纱或软布擦干净，放在专用木盒内。

(4) 不要把两个量规的工作表面配合在一起保存，如将塞规和环规套在一起，否则两个工作表面会相互胶合，加外力分开时会受到不必要的损坏。

(5) 不论是经常使用的量规还是不经常使用的量规，都要定期进行外部检查，看有没有损坏、锈蚀或变形。如果发现量规开始生锈，应及时放进汽油内浸泡一段时间，再取出仔细擦干净，并涂上防锈油。

▶▶▶ 任务实施

一、检查塞规及零件

(1) 检查所用量规与被测件图纸上规定的尺寸、公差是否相符。

(2) 检查量规是否在周期检定期内。

(3) 检查量规的测量面有无毛刺、划伤、锈蚀等缺陷。

(4) 检查被测件表面有无毛刺、棱角等缺陷。

二、用塞规检测

(1) 检验时保证塞规的轴线与被测零件孔的轴线同轴，并以适当的接触力接触(用较大的力强推、强压塞规都会造成塞规不必要的损坏)。让通规自由进入零件孔，如图 3-18 所示，止规则不能进入被检孔，如图 3-19 所示。

图 3-18　孔用通规使用方法

图 3-19　孔用止规使用方法

(2) 凡通规能通过、止规不能通过的零件属于合格产品。通规和止规要联合使用。

(3) 注意不要弄反通规和止规。塞规的通端不能在孔内转动。

(4) 使用完毕，将量规擦拭干净，并涂上防锈油，存放在专用盒内。

三、检测数据及评定

按要求测量孔径并填写下表：

检测项目	孔径			
测量器具	通规工作尺寸		止规工作尺寸	
被测孔径	$\phi 54_{0}^{+0.03}$			
测量结果	合格性判断			
	判断理由			

▶▶▶ 知识拓展

卡规的使用方法

使用卡规检测时，若工件轴线处于水平状态，卡规应垂直被测零件的轴线；轻握卡规，使卡规的通端在零件上滑过，止端只与被测零件接触而不滑过，如图 3-20 所示。

图 3-20　卡规的使用方法

练　习　题

一、填空题

1. 配合制度有_____和_____两种。

2. 光滑极限量规按用途有_____、_____、_____，工人在生产中使用的是_____。

3. 用塞规判定孔合格的条件是_____，用卡规检验轴径合格的条件是_____。

4. 孔用通规的尺寸由_____确定，孔用止规的尺寸由_____确定；轴用通规的尺寸由_____确定，轴用止规的尺寸由_____确定。

二、简答题

1. 光滑极限量规的作用是什么？

2. 作出配合代号为 $\phi 30 \dfrac{JS8}{h7}$ 的公差带图，并说明配合的性质。

3. 说明下列配合的性质与配合制度：

$$\phi 40 \frac{H7}{g6} \qquad \phi 25 \frac{F7}{h6} \qquad \phi 50 \frac{H8}{m7} \qquad \phi 20 \frac{H8}{k7}$$

项目四　曲轴轴承座的检测

有轴承的地方就要有支撑点，轴承的内支撑点是轴，外支撑就是常说的轴承座。轴承座一般都有较高的尺寸精度要求和形位精度要求，如图 4-1 所示。本项目主要学习零件的几何要素、形状公差的相关术语及定义，形状公差项目符号和形状公差代号的含义及标注方法等理论知识。学习用刀口直尺检测直线度误差、用百分表测量平面度误差、用杠杆百分表测量圆度误差，以检测轴承座的直线度、平面度、圆度是否符合图纸要求，而判断零件的合格性。

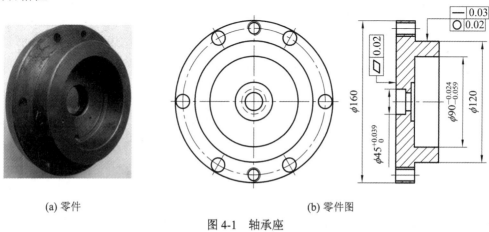

(a) 零件　　　　　　　　　　　　　　　　　(b) 零件图

图 4-1　轴承座

任务一　直线度误差的检测

▶▶▶ 任务概述

分析图 4-1 所示轴承座零件图上的直线度公差要求，用刀口角尺检测零件的直线度误差，并判断其合格性。

▶▶▶ 任务目标

1. 知识目标

(1) 理解零件的几何要素的基本概念。

(2) 掌握形位公差项目与符号。

(3) 掌握直线度公差与公差带的基本概念。

(4) 掌握刀口角尺检测轴承座的步骤及方法。

2. 技能目标

能正确使用刀口角尺检测轴承座的直线度误差。

▶▶▶ 测量器具准备

本任务所用刀口直尺如图 4-2 所示。

▶▶▶ 知识链接

零件加工后，其表面、轴线、中心对称平面等要素的实际形状和位置相对于所要求的理想形状和位置，不可避免地存在着误差，这种误差称为形状和位置误差，简称形位误差。

图 4-2　刀口直尺

一、零件的几何要素

构成零件几何特征的点、线、面统称为零件的几何要素(简称要素)，如图 4-3 所示。

零件的几何要素可按照存在的状态、在形位公差中所处的地位、几何特征等方式分类，如表 4-1 所示。

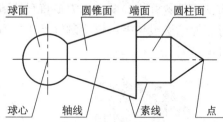

图 4-3　零件的几何要素

表 4-1　零件几何要素的分类

分类方式	种类	定　义	说　明
按存在的状态分	理想要素	具有几何意义的要素	绝对准确，不存在任何形位误差，用来表达设计的理想要求，如图 4-4 所示
	实际要素	零件上实际存在的要素	由于加工误差的存在，实际要素具有几何误差。零件实际要素在测量时用测得要素来代替，如图 4-4 所示
按在形位公差中所处的地位分	被测要素	图样上给出了形状或(和)位置公差的要素	如图 4-5 中，ϕ85h6 圆柱面给出了圆柱度要求，台阶面对 ϕ85h6 圆柱的轴线给出了垂直度要求，因此 ϕ85h6 圆柱面和台阶面就是被测要素
	基准要素	用来确定被测要素的方向或(和)位置的要素	如图 4-5 中，ϕ85h6 圆柱的轴线是台阶面的基准要素
按几何特征分	轮廓要素	构成零件外形的点、线、面	是可见的，能直接为人们所感觉到，如图 4-3 中的圆柱面、圆锥面、球面、素线
	中心要素	表示轮廓要素的对称中心的点、线、面	虽不可见，不能为人所直接感觉到，但可通过相应的轮廓要素来模拟体现，如图 4-3 中的轴线、球心，图 4-5 中的两圆柱轴线
按功能关系分	单一要素	仅对本身有形状公差要求的要素	如图 4-5 中，ϕ85h6 圆柱面是单一要素
	关联要素	与零件上其他要素有方向或位置关系的要素	如图 4-5 中，台阶面对 ϕ85h6 圆柱的轴线有位置要求，是关联要素

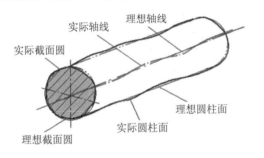

图 4-4 理想要素和实际要素

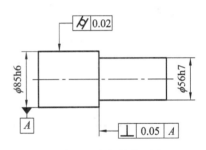

图 4-5 被测要素与基准要素

二、形位公差的特征项目及符号

GB/T 1182—2008《产品几何技术规范(GPS)几何公差形状、方向、位置和跳动公差标注》标准规定，形状和位置两大类公差共计 14 个项目，如表 4-2 所示。其中，形状公差 4 个，因它是对单一要素提出的要求，因此无基准要求。位置公差 8 个，因它是对关联要素提出的要求，因此，在大多数情况下有基准要求。形状或位置(轮廓)公差 2 个，若无基准要求，则为形状公差；若有基准要求，则为位置公差。

表 4-2 形位公差的特征项目及符号

公 差		特殊项目	符号	有或无基准要求
形状	形状	直线度	—	无
		平面度	▱	无
		圆度	○	无
		圆柱度	⌀	无
形状或位置	轮廓	线轮廓度	⌒	有或无
		面轮廓度	⌓	有或无
位置	定向	平行度	//	有
		垂直度	⊥	有
		倾斜度	∠	有
	定位	位置度	⊕	有或无
		同轴(同心)度	◎	有
		对称度	═	有
	跳动	圆跳动	∕	有
		全跳动	⫽	有

三、形位公差带

形位公差带是用来限制被测实际要素变动的区域。只要被测要素完全落在给定的公差带区域内，就表示被测要素的形状和位置符合设计要求。

形位公差带的形状由被测要素的理想形状和给定的公差特征所决定，如表 4-3 所示。

形位公差带的大小体现形位精度要求的高低，由图样上给出的形位公差值 t 确定，一般指的是公差带的宽度或直径等。

表4-3　形位公差带形状

序号	公差带	形　状	应 用 项 目
1	两平行直线	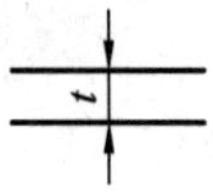	给定平面内的直线度、平面内直线的位置度等
2	两等距曲线		线轮廓度
3	两同心圆	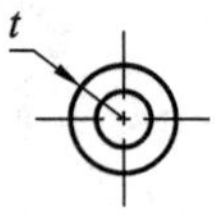	圆度、径向圆跳动
4	一个圆	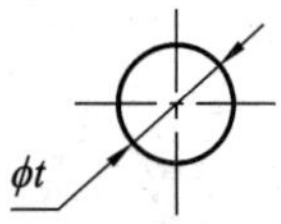	平面内点的位置度、同轴(心)度
5	一个球	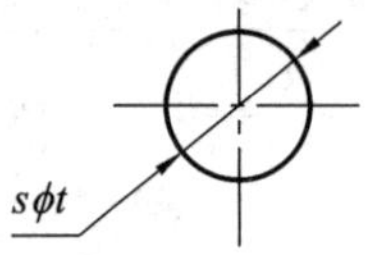	空间点的位置度
6	一个圆柱	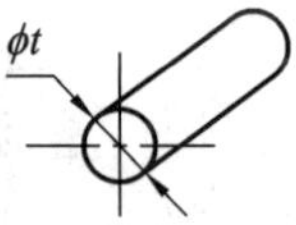	轴线的直线度、平行度、垂直度、倾斜度、位置度、同轴度
7	两同轴圆柱	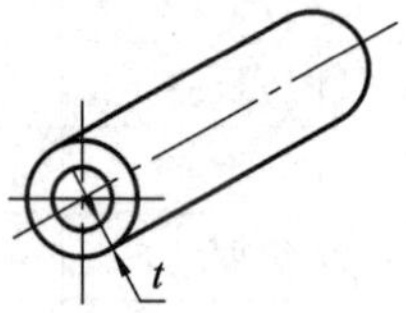	圆柱度、径向全跳动
8	两平行平面	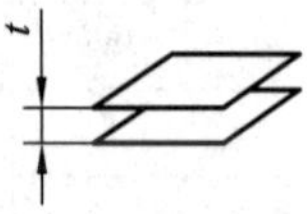	平面度、平行度、垂直度、倾斜度、位置度、对称度、端面全跳动等
9	两等距曲面	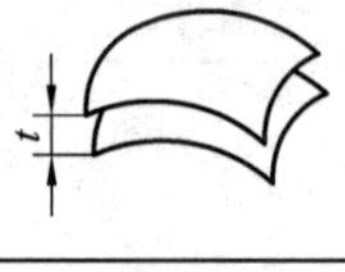	面轮廓度

四、形位公差的标注

形位公差的标注包括公差框格、被测要素指引线、形位公差特征符号、形位公差值、基准符号和相关要求符号等，如图4-6所示。

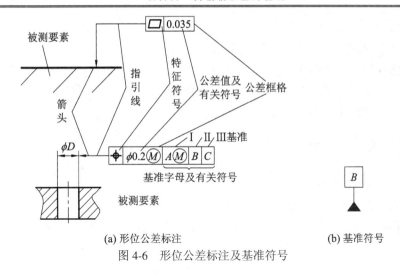

(a) 形位公差标注   (b) 基准符号

图 4-6 形位公差标注及基准符号

五、直线度

1. 直线度公差

直线度公差是指实际被测直线的形状对其理想形状的允许变动量。

2. 直线度公差带

直线度公差带是限制实际被测直线变动的区域，直线度公差代号在图样上的标注及解读见表 4-4。

表 4-4 直线度公差代号在图样上的标注及解读

形状公差项目	标注示例	识读	解读含义
直线度	在给定平面内的直线度 ⌐— 0.1	被测量表面素线直线度公差为 0.1 mm	被测表面上实际素线必须位于距离为公差 0.1 mm 的两条平行直线之间
	给定方向上的直线度 ⌐— 0.02	在垂直方向上棱线的直线度公差为 0.02 mm	实际棱线必须位于垂直方向距离为公差 0.02 mm 的两平行平面之间
		ϕd 圆柱的轴线的直线度公差为 ϕ 0.03 mm	ϕd 圆柱的轴线必须位于直径为公差 ϕ 0.03 mm 的圆柱面内

3. 直线度误差

直线度误差是指实际被测直线对理想直线的变动量。理想直线的位置应符合最小条件，即实际被测直线对位置符合最小条件的理想直线的最大变动量为最小。

在满足被测零件功能要求的前提下，直线度误差值可以选用不同的评定方法来确定，合格条件是：直线度误差值不大于直线度公差值。

六、刀口直尺

1. 刀口直尺的外形和结构

刀口直尺的外形和结构如图 4-7 所示，它用合金工具钢、轴承钢或镁铝合金材料制造而成；经过精密磨床加工，刀口的角度为 30°，精度较高。它具有结构简单、操作方便、测量效率高等优点，是机械加工中常用的测量工具。刀口直尺规格用测量面刃口的长度表示，常用的有 75 mm、125 mm、175 mm、200 mm、225 mm、300 mm 等，如图 4-7 所示。

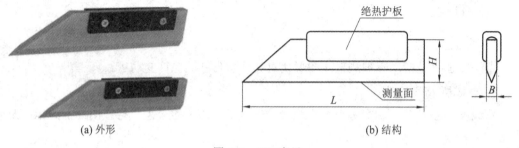

(a) 外形　　　　　　　　　　　　(b) 结构

图 4-7　刀口直尺

2. 刀口直尺的用途

刀口直尺主要用于以光隙法进行的直线度和平面度误差的测量，也可与量块一起，用于检验平面精度。

3. 刀口直尺的使用方法

图 4-8 所示为用刀口直尺测量表面轮廓线的直线度误差。测量时，手握在刀口直尺上的绝热护板上，将刀口直尺测量面刃口轻轻接触被测量面，然后紧贴实际轮廓，实际轮廓线与刀口之间的最大间隙就是直线度误差。

其间隙值可由两种方法获得：

(1) 当直线度误差较大时，可用塞尺直接测出。

(2) 当直线度误差较小时，可通过与标准光隙进行比较而估读出误差值。

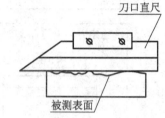

图 4-8　刀口直尺检测直线度误差的方法

▶▶▶ 任务实施

一、检查刀口直尺及零件

(1) 将被测轴承座擦拭干净，特别是被测表面。

(2) 检查刀口直尺,观察其测量刃口是否平齐,并擦拭干净。

二、检测零件

(1) 将刀口直尺的测量面刃口与工件被测量面轻轻接触,然后紧贴,如图 4-9 所示。

图 4-9 刀口直尺检测直线度误差示例

(2) 利用间隙检测被测平面直线度误差。

① 根据透光情况估读直线度误差。

② 用塞尺测出直线度误差最大数值。

(3) 测量结束后,将刀口直尺擦拭干净并放置在专用盒内。

三、检测数据及评定

根据要求检测直线度误差并填写下表:

检测项目	直线度		公差	0.03 mm
测量器具	刀口直尺			
测量记录	测量位置	测量数据		合格性判断
	1			
	2			
	3			
	4			

四、刀口直尺的维护与保养

(1) 使用前,用清洁软布把刀口直尺的工作面擦拭干净。

(2) 使用时,轻拿轻放,不可磕碰。

(3) 要定期检查刀口直尺有无损伤、锈蚀或变形,以便及时处理。

(4) 使用完毕,将其擦拭干净,涂上防锈油,再放入专用盒里。

▶▶▶ 知识拓展

直线度误差的其他检测方法

直线度误差还有其他的检测方法,如指示器测量法、钢丝法、水平仪法和自准直仪法。

(1) 指示器测量法。如图 4-10(a)所示,指示器测量法是将被测零件安装于平行于平板的两顶尖之间。

(2) 钢丝法。如图 4-10(b)所示，钢丝法是用特别的钢丝作为测量基准，用测量显微镜读数。

(3) 水平仪法。如图 4-10(c)所示，水平仪法是将水平仪放在被测表面上，沿被测要素按节距、逐段连续测量。

(4) 自准直仪法。如图 4-10(d)所示，用自准直仪和反射镜测量是将自准直仪放在固定位置上，测量过程中保持位置不变；反射镜通过桥板放在被测要素上；沿被测要素按节距、逐段连续移动反射镜，在自准直仪的读数显微镜中读取示值。

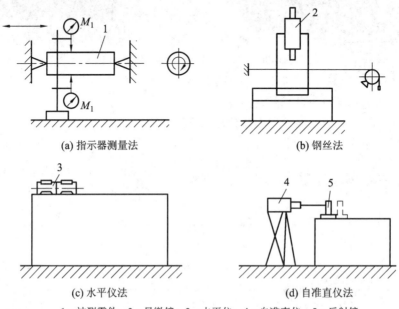

(a) 指示器测量法　　　　　　　　　　(b) 钢丝法

(c) 水平仪法　　　　　　　　　(d) 自准直仪法

1—被测零件；2—显微镜；3—水平仪；4—自准直仪；5—反射镜

图 4-10　直线度误差的检测方法

练 习 题

一、填空题

1. 用刀口直尺测量直线度误差的方法：将刀口直尺的实际轮廓线贴紧，实际轮廓与_____之间的就是直线度误差。

2. 几何公差可分为形状公差、位置公差，其中，形状公差_____项，位置公差_____项，定向公差_____项，定位公差_____项，跳动公差_____项。

3. 直线度公差所限制的被测直线可以是_____、_____、_____、_____。

4. 直线度公差带的形状有三种，分别是_____、_____、_____。

5. 刀口直尺规格用测量面刃口长度表示，常用的有_____、_____、、_____、225 mm、300 mm 等。

二、问答题

1. 零件的几何要素有哪些？
2. 写出形位公差的项目特征及符号。
3. 简述刀口直尺检测直线度误差的方法。
4. 识读题 4-1 图中形位公差代号标注的含义。

题 4-1 图

任务二　平面度误差的检测

▶▶▶ 任务概述

分析图 4-1 所示轴承座零件图上的平面度公差要求，用百分表检测零件的平面度误差，并判断其合格性。

▶▶▶ 任务目标

1. 知识目标

(1) 掌握平面度公差与公差带的概念。
(2) 掌握百分表检测平面度误差的方法。

2. 技能目标

能正确使用百分表检测轴承座的平面度误差。

▶▶▶ 测量器具准备

本任务所用的百分表如图 4-11 所示。

图 4-11　百分表

▶▶▶ 知识链接

一、平面度

1. 平面度公差

平面度公差是限制实际平面相对于其理想平面变动量的一项指标，用于对实际平面的形状精度提出要求。

2. 平面度公差带

平面度公差带是距离为公差值 t 的两平行平面之间的区域。轴承座上的表面有平面度要求，被测表面必须位于公差值为 0.02 mm 的两平行平面之内。

平面度公差代号在图样上的标注及解读见表 4-5。

表 4-5　平面度公差代号在图样上的标注及解读

形状公差项目	标 注 示 例	识读	解读的含义
平面度	▱ 0.1	上表面的平面度公差为 0.1 mm	上表面必须位于距离为公差 0.1 mm 的两平行平面之间

3. 平面度误差

平面度误差是指实际被测表面相对于理想平面的变动量，理想平面的位置应符合最小条件，即实际被测表面对位置符合最小条件的理想平面的最大变动量为最小。在满足被测零件功能要求的前提下，平面度误差值可以选用不同的评定方法来确定，合格的条件是：平面度误差值不大于平面度公差值。

二、用百分表检测平面度误差的方法

图 4-12 所示为用百分表测量平面度误差，这种方法称为打表法。测量时，用三个可调支承将工件支承在平板上，三个支承点分别为 a、b、c；用百分表分别测量工件上对应的 a、b、c 三点，若三点有高度差，则通过调节支承，直至 a、b、c 等高。然后移动百分表架，测量平面上各点，百分表指针显示的最大与最小读数之差即为该平面的平面度误差。

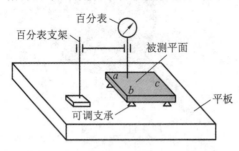

图 4-12　用百分表测量平面度误差

▶▶▶ 任务实施

一、检查百分表及零件

(1) 将被测轴承座擦拭干净，特别是被测表面。

(2) 要求表盘指针不晃动，指针转动平稳，与表盘无摩擦；测杆活动平稳、灵活；轻推测量头，松开测量头后指针能自动复位，且误差小于±0.003 mm；测量杆行程符合要求。此外，要将百分表测量头擦拭干净。

二、检测零件

(1) 将被测零件用三个可调支承置于平板上，调整可调支承，使被测平面大致与平板平行。

(2) 将百分表装夹在万能表架上，并使百分表测量头垂直地指向被测零件表面。

(3) 将百分表测量头与被测表面接触，为了读数方便，可转动表盘，使长指针为零。逐步测量与三个支承对应的被测量表面上的三点，调整可调支承，直至三点等高，如图4-13所示。

图4-13　平面度误差检测

(4) 移动百分表座，使百分表测量头在被测平面上移动，注意观察指针的变化，记录下最大与最小读数值。最大与最小读数值之差即为平面度误差。

(5) 测量结束后，将百分表放置在专用盒内。

三、检测数据及评定

按要求检测平面度误差并填写下表：

检测项目	平面度		公差	0.02 mm
量具名称	百分表		分度值	0.01 mm
测量数据	最高点		最低点	
测量结果	实测平面度误差			
	合格性判断			

▶▶▶ **知识拓展**

平面度误差的其他检测方法和评定方法

1. 检测方法

(1) 平晶干涉法：用光学平晶的工作面体现理想平面，直接以干涉条纹的弯曲程度确定被测表面的平面度误差值。该方法主要用于测量小平面，如量规的工作面和千分尺测头测量面的平面度误差，如图 4-14(a)所示。

(2) 水平仪法：适用于测量平面度公差等级较高而且面积大或较大的表面。测量时，首先要用固定支承和两个可调支承把测量工件支承起来。把水平仪放置在实际被测表面上相距最远的三处，同时调整两个可调支承的高度，使水平仪在这三处的示值大致相同，将实际被测表面调整到大致水平的位置。其测量方法与测量直线度误差的方法类似，如图 4-14(b)所示。

(3) 自准直仪法：适用于测量平面度公差等级较高而且面积大或较大的表面。把被测表面大致调平，与测量直线度误差方法一样，依次测量所选定的几个测量截面上的各个测量点，读取对这些测量点测得的示值，如图 4-14(c)所示。

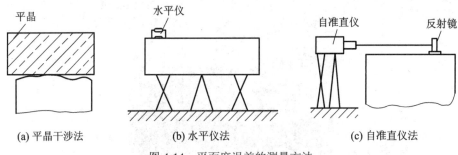

(a) 平晶干涉法　　　　(b) 水平仪法　　　　(c) 自准直仪法

图 4-14　平面度误差的测量方法

2．平面度误差的评定方法

(1) 三远点法：用实际被测表面上的四个角点按对角线调整到两两等高，由这四个角点所组成的平面作为评定基准面，以平行于此基准面且具有最小距离的两包容平面间的距离作为平面度误差值。

(2) 对角线法：将实际被测表面的一条对角线，且平行于另一条对角线所作的评定基准面，以平行于此基准面且具有最小距离的两包容平面间的距离作为平面度误差值。

(3) 最小二乘法：以实际被测表面的最小二乘平面作为评定基准面，以平行于最小二乘平面，且具有最小距离的两包容平面间的距离作为平面度误差值。最小二乘平面是使实际被测表面上各点与该平面的距离的平方和为最小的平面。此法计算较为复杂，一般均需计算机处理。

(4) 最小区域法：以包容实际被测表面的最小包容区域的宽度作为平面度误差值，是符合平面度误差定义的评定方法。

练　习　题

一、填空题

1. 平面度公差是限制实际平面对其_____变动量的一项指标，用于对_____的形状精度提出要求。

2. 平面度公差带是距离为公差值 t 的_____之间的区域。

3. 平面度合格条件是_____。

二、问答题

1. 简述利用百分表进行打表法检测平面度误差的方法。

2. 平面度的评定方法有哪些?

3. 试举出其他平面度误差的检测方法。

4. 识读题 4-2 图中形位公差代号标注的含义。

题 4-2 图

任务三　圆度误差的检测

▶▶▶ 任务概述

分析图 4-1 所示轴承座零件图上的圆度公差要求,用杠杆百分表检测零件的圆度误差,并判断其合格性。

▶▶▶ 任务目标

1. 知识目标

(1) 掌握圆度公差与公差带的概念。

(2) 掌握杠杆百分表检测圆度误差的方法。

2. 技能目标

能正确使用杠杆百分表检测轴承座的圆度误差。

▶▶▶ 测量器具准备

本任务所用的杠杆百分表如图 4-15 所示。

图 4-15　杠杆百分表

▶▶▶ 知识链接

一、圆度

1. 圆度公差

圆度公差是指在圆柱面、圆锥面或球面等回转体的给定横截面内，实际被测圆周的轮廓形状对理想的几何圆的允许变动量。

2. 圆度公差带

圆度公差带是限制实际被测圆周变动的区域，是指在回转体的给定横截面内，半径差等于公差值 t 的两同心圆所限定的区域。

圆度公差代号在图样上的标注及解读见表 4-6。

表 4-6　圆度公差代号在图样上的标注及解读

形状公差项目	标 注 示 例	识读	解读的含义
圆度	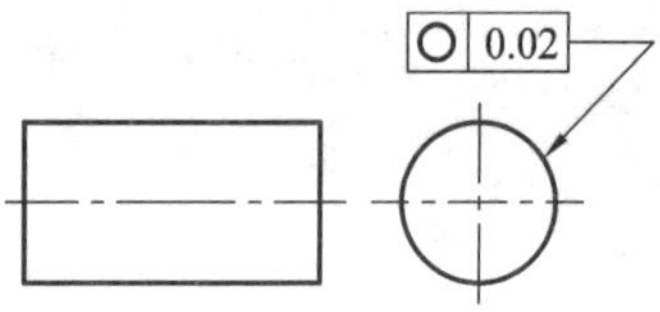 ⌀ 0.02	圆柱面的圆度公差为 0.02 mm	在垂直于轴线的任一正截面上，实际圆必须位于半径差为公差 0.02 mm 的两同心圆之间 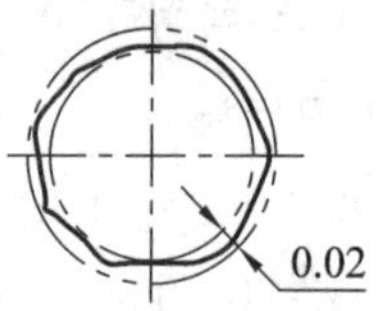　0.02

3. 圆度误差

圆度误差是指在圆柱面、圆锥面或球面等回转体的给定横截面内，实际被测圆周轮廓对其理想圆的变动量，理想圆的位置应符合最小条件。在满足被测零件功能要求的前提下，圆度误差可以选用不同的评定方法来评定，合格条件是：圆度误差值不大于圆度公差值。

二、杠杆百分表

1. 杠杆百分表的外形和结构

杠杆百分表又被称为杠杆表或靠表，它是把杠杆测量头的位移(杠杆的摆动)，通过机械传动系统转变为指针在表盘上的偏转。杠杆百分表表盘圆周上有均匀的刻度，分度值为 0.01 mm，示值范围一般为 ±0.4 mm。它主要用于测量工件的形位误差以及用比较法测定长度尺寸，还可以测量小孔、凹槽、孔距、坐标尺寸等。

杠杆百分表的外形和结构如图 4-16 所示。它是由杠杆、齿轮传动机构组成的。杠杆测量头 5 移动时，带动扇形齿轮 4 绕其轴摆动，使与其啮合的齿轮 2 转动，从而带动与齿轮同轴的指针 3 偏转。当杠杆测量头的位移为 0.01 mm 时，杠杆齿轮传动机构使指针正好偏转一格。

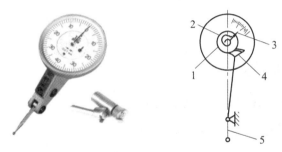

图 4-16 杠杆百分表的外形和结构

2. 杠杆百分表的使用方法

杠杆百分表的体积较小，杠杆测量头的位移方向可以改变，因而在校正工件和测量工件时都很方便。尤其是对小孔的测量和在机床上校正零件时，由于空间限制，百分表放不进去或测量杆无法垂直于工件被测表面，这时使用杠杆百分表就显得尤为方便。

测量时应使杠杆百分表的测量杆轴线与测量线垂直，否则会产生误差。测量杆轴线与被测量面的夹角越小，误差越小，所以该夹角应小于 15°，如图 4-17 所示。如果因测量要求，α 角无法调小(当 $\alpha>15°$)，其测量结果应进行修正。

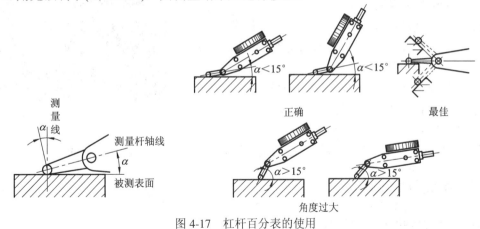

图 4-17 杠杆百分表的使用

3. 杠杆百分表表架

常用的杠杆百分表表架如图 4-18 所示，主要用于夹持和固定杠杆百分表。

机械万向磁性表架

杠杆磁性表架

图 4-18 杠杆百分表架

▶▶▶ 任务实施

一、检查百分表及零件

(1) 将被测轴承座擦拭干净，特别是被测表面。

(2) 检查杠杆百分表。

二、检测零件

(1) 将零件被测圆柱表面放置在 V 形块的 V 形槽中。

(2) 调整好杠杆百分表测量杆的位置。

① 测量杆的轴线要与被测素线的相切面平行，且与所测量圆柱截面在同一平面内，如图 4-19 所示。

② 调整测量头高度，使测量头与被测圆柱最高处素线接触，并使测量杆有一定的初始测量力，即测量杆应有 0.5～1 mm 的压缩量。

(3) 测量前调零位，转动刻度盘使 0 线与指针对齐，然后反复测量同一位置 2～3 次，检查指针是否仍与 0 线对齐，如不齐则重调。

(4) 将被测零件回转一周，观察指针变化，并记录最大和最小读数值。最大读数与最小读数之差的一半即为该截面的圆度误差。

图 4-19 百分表测量圆度误差

(5) 测量被测圆柱上若干截面，截面圆度误差中最大误差值为该零件的圆度误差。

三、检测数据及评定

按要求检测圆度误差并填写下表：

检测项目	圆度		圆度公差	0.02 mm
量具名称	杠杆百分表		分度值	0.01 mm
测量记录	测量截面		测量数据	
	Ⅰ－Ⅰ			
	Ⅱ－Ⅱ			
	Ⅲ－Ⅲ			
测量结果	圆度误差			
	合格性判断			

▶▶▶ 知识拓展

圆柱度

1. 圆柱度公差

圆柱度公差是指实际被测圆柱表面的形状对理想圆柱面的允许变动量。

2. 圆柱度公差带

圆柱度公差带是指限制实际被测圆柱表面变动的区域，是指半径差等于公差值 t 的两同轴线圆柱面之间所限定的区域。

圆柱度公差代号在图样上的标注及解读见表 4-7。

表 4-7 圆柱度公差代号在图样上的标注及解读

形状公差项目	标 注 示 例	识读	解读的含义
圆柱度		ϕd 圆柱面的圆柱度公差为 0.05 mm	实际圆柱面必须位于半径差为公差值 0.05 mm 的两同轴圆柱面之间

3. 圆柱度误差

圆柱度误差是指实际被测圆柱表面对其理想圆柱面的变动量，理想圆柱面的位置应符合最小条件。按照定义，评定圆柱度误差时，用两个同轴线的圆柱面包容实际被测圆柱表面，直到这个包容圆柱面的半径差缩小到最小值，该半径差最小值即为圆柱度误差值。其合格条件是：圆柱度误差值不大于圆柱度公差值。

练 习 题

一、填空题

1. 圆度公差是指在_____或球面等回转体的给定横截面内，实际被测圆周的轮廓形状对_____的几何圆的允许变动量。

2. 圆度公差带是限制实际被测圆周变动的区域，是指在回转体的_____，半径差等于公差值 t 的_____所限定的区域。

3. 圆度合格条件是_____。

4. 常用的杠杆百分表表架，主要用于_____和_____杠杆百分表。

5. 圆柱度合格条件是_____。

二、问答题

1. 简述什么是圆度误差。

2. 简述杠杆百分表的传动原理。

3. 试举出圆度误差的其他检测方法。

项目五 盖板的检测

盖板结构如图 5-1 所示。盖板零件在机器中起支撑、定位、连接的作用，除有较高的尺寸精度要求外，还有平行度、垂直度、对称度等方面的形位精度要求。本项目主要学习形位公差代号标注的含义等理论知识，并学习用千分尺检测平行度误差、用直角尺检测垂直度误差、用极限量规检测对称度误差，以检测盖板的平行度、垂直度、对称度是否符合图纸要求，从而判断零件的合格性。

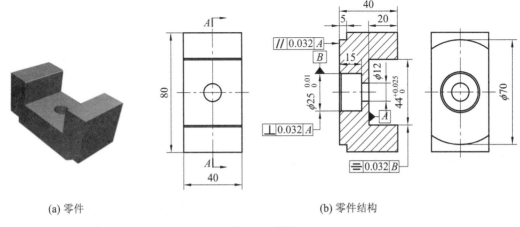

(a) 零件   (b) 零件结构

图 5-1 盖板

任务一 平行度误差的检测

▶▶▶ 任务概述

分析图 5-1 所示盖板零件图上的平行度公差要求，用千分尺检测零件的平行度误差，并判断其合格性。

▶▶▶ 任务目标

1. **知识目标**

(1) 正确识读图中标注的平行度公差代号。

(2) 理解平行度公差代号标注的含义。

(3) 会用千分尺检测平行度误差。

2. **技能目标**

能正确使用千分尺检测盖板的平行度误差。

▶▶▶ 测量器具准备

本任务所用的千分尺如图 5-2 所示。

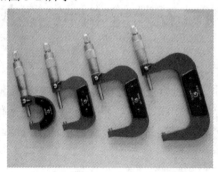

图 5-2　千分尺

▶▶▶ 知识链接

一、平行度

1. 平行度公差

平行度公差限制被测实际要素相对基准在平行方向上的变动量。它主要用于对被测实际要素相对于基准要素的平行方向精度提出要求。

2. 平行度公差带

平行度公差带是指允许实际被测要素相对于基准保持平行关系而变动的区域。

平行度公差代号在图样上的标注及解读见表 5-1。

表 5-1　平行度公差代号在图样上的标注及解读

定向公差项目	标 注 示 例	识读	解读的含义
平行度	面对面的平行度 // 0.01 D D	上平面对底面 D 的平行度公差为 0.01 mm	上平面必须位于距离为公差 0.01 mm 且平行于基准平面 D 的两平行平面之间 基准平面
	线对面的平行度 // 0.01 B ϕD B	ϕD 孔的轴线对底面 B 的平行度公差为 0.01 mm	ϕD 孔的轴线必须位于距离为公差 0.01 mm 且平行于基准平面 B 的两平行平面之间 基准平面

定向公差项目	标 注 示 例	识读	解读的含义
平行度	面对线的平行度 $//$ 0.1 C 	上平面对孔轴线的平行度公差为 0.1 mm	上平面必须位于距离为公差值 0.1 mm 且平行于基准轴线 C 的两平行平面之间
	给定一个方向线对线的平行度 $//$ 0.1 A 	ϕD_1 孔的轴线对 ϕD_2 孔的轴线 A 在垂直方向上的平行度公差为 0.1 mm	ϕD_1 孔的轴线必须位于距离为公差 0.1 mm 且平行于基准轴线 A 的两平行平面之间
	在任意方向上线对线的平行度 $//$ ϕ0.03 A 	ϕD_1 孔的轴线对 ϕD_2 孔的轴线 A 的平行度公差为 ϕ 0.03 mm	ϕD_1 孔的轴线必须位于直径为公差值 ϕ 0.03 mm 且轴线平行于基准轴线 A 的圆柱面内

3. 平行度误差

平行度误差是指实际被测要素对其具有确定方向的理想要素的变动量，理想要素的方向应平行于基准。其合格条件是：平行度误差值不大于平行度公差值。

二、千分尺检测零件平行度误差的方法

首先根据零件上两平行面之间的尺寸选择合适的千分尺，然后测量被测平面与基准平面之间的尺寸，并记录各点测得的数值。计算测量尺寸中最大值与最小值的差值，此差值即为平行度误差。此值小于平行度公差，则合格；反之则不合格。

测量两平面间尺寸时，一般测量工件四角和中间五点，狭长平面测两头和中间三点，若平面较大应测量更多点。

▶▶▶ 任务实施

一、检查千分尺及零件

(1) 根据零件尺寸选择好千分尺，擦拭干净，校对好零位。
(2) 将工件擦拭干净。

二、检测零件

测量两平行面之间的尺寸，并记录各测量位置的数据。

三、检测数据及评定

根据要求进行检测并填写下表：

检测项目	平行度		公差		
量具名称	千分尺		分度值		
测量 记录	1	2	3	4	5	6
测量 结果	平行度误差					
	合格性判断					

▶▶▶ 知识拓展

用百分表检测平行度误差

1. 面对面平行度误差的检测

图 5-3 所示为用百分表测量工件上平面对底面的平行度误差。测量时将工件放置在平板上，用指示表测量被测平面上各点，百分表的最大与最小读数之差即为该工件的平行度误差。

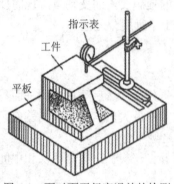

图 5-3　面对面平行度误差的检测

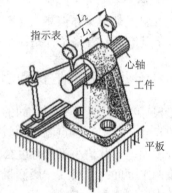

图 5-4　线对面平行度误差的检测

2. 线对面平行度误差的检测

图 5-4 所示为测量某工件孔轴线对底平面的平行度误差。测量时将工件直接放置在平板上，被测孔轴线由心轴模拟。在测量距离为 L_2 的两个位置上测得的读数分别为 M_1 和 M_2，则平行度误差为

$$\frac{L_1}{L_2}\left|M_1 - M_2\right|$$

其中，L_1 为被测孔轴线的长度。

练习题

一、填空题

1. 平行度公差限制＿＿＿＿相对基准在平行方向上的＿＿＿＿。它主要用于对被测实际要素相对于基准要素的平行方向＿＿＿＿提出要求。

2. 平行度公差带是指允许实际被测要素相对于＿＿＿＿保持平行关系而变动的区域。

3. 平行度误差是指实际被测要素相对其具有＿＿＿＿的理想要素的变动量，理想要素的方向应平行于＿＿＿＿。

4. 判断平行度误差合格的条件是：＿＿＿＿。

二、问答题

1. 简述利用千分尺检测零件平行度误差的方法。

2. 简述线对面平行度检测误差的方法。

3. 识读题 5-1 图中平行度公差代号标注的含义。

4. 识读题 5-2 图中平行度公差代号标注的含义。

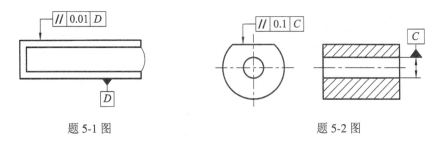

题 5-1 图   题 5-2 图

任务二 垂直度误差的检测

▶▶▶ 任务概述

分析图 5-1 所示盖板零件图上的垂直度公差要求，用杠杆千分表检测零件的垂直度误差，并判断其合格性。

▶▶▶ 任务目标

1. 知识目标

(1) 正确识读图中标注的垂直度公差代号。

(2) 理解垂直度公差代号标注的含义。

(3) 会用杠杆千分表检测垂直度误差。

2. 技能目标

能正确使用杠杆千分表检测主轴侧板的垂直度误差。

▶▶▶ 测量器具准备

本任务所用的杠杆千分表如图 5-5 所示。

图 5-5　杠杆千分表

▶▶▶ 知识链接

一、垂直度

1. 垂直度公差

垂直度公差是指实际被测要素相对基准在垂直方向上的允许变动量。

2. 垂直度公差带

垂直度公差带是指允许实际被测要素相对于基准保持垂直关系而变动的区域。

垂直度公差代号在图样上的标注及解读见表 5-2。

表 5-2　垂直度公差代号在图样上的标注及解读

定向公差项目	标注示例	识读	解读含义
垂直度	面对面的垂直度 ⊥ 0.08 A A	右侧面对底面 A 的垂直度公差为 0.08 mm	右侧面必须位于距离为公差值 0.08 mm 且垂直于基准平面 A 的两平行平面之间 0.08 基准平面

续表

定向公差项目	标 注 示 例	识读	解读含义
	面对线的垂直度 两端面 A　$\perp$ 0.05 A　ϕD	两端面对 ϕD 孔轴线 A 的垂直度公差为 0.05 mm	被测端面必须位于距离为公差值 0.05 mm 且垂直于基准轴线 A 的两平行平面之间 0.05 基准轴线
	在任意方向上线对面的垂直度 ϕd　$\perp$ ϕ0.05 A　A	ϕd 圆柱的轴线对基准面 A 的垂直度公差为 ϕ 0.05 mm	ϕd 圆柱的轴线必须位于直径为公差值 ϕ 0.05 mm 且垂直于基准平面 A 的圆柱面内 ϕ0.05 基准平面

3. 垂直度误差

垂直度误差是指实际被测要素对其具有确定方向的理想要素的变动量，理想要素的方向应垂直于基准。其合格条件是：垂直度误差值不大于垂直度公差值。

二、杠杆千分表

杠杆千分表的使用与项目四中杠杆百分表的使用方法一样。杠杆百分表的分度值为 0.01 mm，杠杆千分表的分度值有 0.002 mm 和 0.001 mm 两种。

三、用千分表检测垂直度误差的方法

1. 线对线垂直度误差的检测

图 5-6 所示为测量某工件两孔轴线的垂直度误差的方法。测量时，将心轴塞入工件孔中，用心轴的轴线模拟孔的轴线。先将基准心轴调整到与平板垂直，然后测量另一心轴，在测量距离为 L_2 的两个位置上测得的读数分别为 M_1 和 M_2，则垂直度误差为

$$\frac{L_1}{L_2}\left|M_1 - M_2\right|$$

其中，L_1 为被测孔轴线的长度。

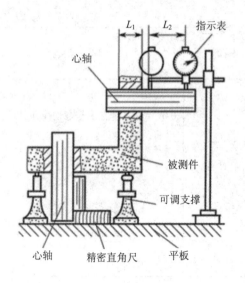

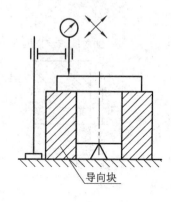

图 5-6　线对线垂直度误差的检测方法　　　　图 5-7　面对线垂直度误差的检测方法

2. 面对线垂直度误差的检测

图 5-7 所示为测量某工件端面对孔轴线的垂直度误差的方法。测量时，将工件固定置于导向块中，基准由导向块模拟。用指示表测量被测端面上各点，指示表的最大与最小读数之差即为该端面的垂直度误差。

▶▶▶ 任务实施

一、检查千分表及零件

(1) 将被测工件擦拭干净，特别是基准面和被测表面。
(2) 检查杠杆千分表。

二、检测零件

(1) 将被测零件固定在垫块上，将心轴塞入工件孔中，用心轴的轴线模拟孔的轴线。

(2) 调整好杠杆千分表测量杆的位置，如图 5-8 所示。

(3) 将千分表在模拟心轴的圆柱面上调零，按需要测量若干个轴向截面，记录千分表的读数。

(4) 取千分表读数的最大和最小差值作为该零件的垂直度误差。

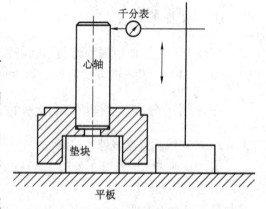

图 5-8　用杠杆千分表测量垂直度误差

三、检测数据及评定

根据要求进行检测并填写下表：

检测项目	垂直度				
量具名称	杠杆千分表				
数据记录	截面 1	截面 2	截面 3	截面 4	截面 5
合格性判断					

▶▶▶ 知识拓展

角　尺

角尺即直角尺、90°角尺，是一种用来检测直角和垂直度误差的定值量具，角尺的结构形式较多，其中最常用的是刀口角尺和宽座角尺，如图 5-9 所示。

(a) 刀口角尺　　　　　　　(b)宽座角尺

图 5-9　角尺的类型

刀口角尺测量面为刀口形状，一般采用优质碳素工具钢制造，加工中经过多次热处理，工作面采用精密磨削制成。宽座角尺通常用铸铁、钢或花岗岩制成。

角尺规格有 50×32、63×40、80×50、100×63、125×80、160×100、200×125 等。

刀口角尺和宽座角尺结构简单，可以检测工件的内、外角，结合塞尺使用还可以检测工件被测表面与基准面间的垂直度误差，并可用于划线和基准的校正等，如图 5-10 所示。

 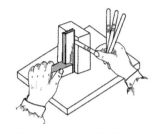 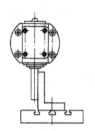

图 5-10　角尺的使用

直角尺的制造精度有 00 级、0 级、1 级和 2 级四个精度等级，00 级的精度最高，一般作为校正基准，用来检定精度较低的直角量具；0 级和 1 级用于检验精密工件，2 级用于一般工件的检测。

练 习 题

一、填空题

1. 垂直度公差是指_____相对基准在垂直方向上的_____。

2. 垂直度公差带是指允许实际被测要素相对于_____保持垂直关系而变动的区域。

3. 垂直度误差是指实际被测要素相对其具有_____的理想要素的变动量，理想要素的方向应垂直于基准。

4. 垂直度误差判断合格的条件是：_____。

5. 刀口角尺和宽座角尺结构简单，可以检测工件的_____角，结合_____使用还可以检测工件被测表面与基准面间的垂直度误差。

二、问答题

1. 识读下表中平行度公差代号标注的含义。

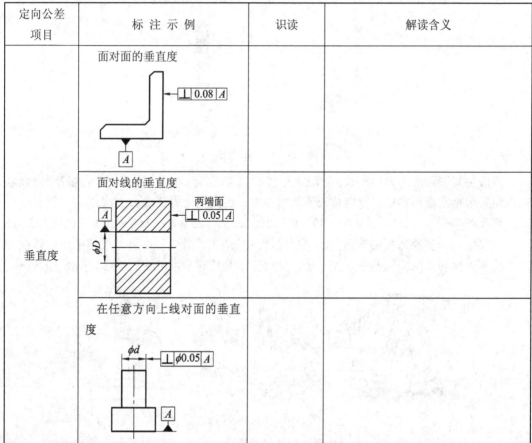

定向公差项目	标注示例	识读	解读含义
垂直度	面对面的垂直度		
	面对线的垂直度		
	在任意方向上线对面的垂直度		

2. 简述利用角尺和塞尺检测垂直度误差的方法。

任务三　对称度误差的检测

▶▶▶ 任务概述

分析图 5-1 所示盖板零件图上的对称度公差要求，用千分表检测零件的对称度误差，并判断其合格性。

▶▶▶ 任务目标

1. 知识目标

(1) 正确识读图中标注的对称度公差代号。

(2) 理解对称度公差代号标注的含义。

(3) 会用杠杆千分表检测对称度误差。

2. 技能目标

能正确使用杠杆千分表检测零件的对称度误差。

▶▶▶ 测量器具准备

本任务所用测量器具为杠杆千分表。

▶▶▶ 知识链接

一、对称度

1. 对称度公差

对称度公差是限制被测实际要素的对称中心相对于基准要素的对称中心的变动量。它主要用于对被测实际要素对称中心相对于基准要素对称中心的位置精度提出要求。

2. 对称度公差带

对称度公差带是指距离等于公差值，且相对于基准中心要素对称配置的两平行平面所限定的区域。对称度公差代号在图样上的标注及解读见表 5-3。

表 5-3　对称度公差代号在图样上的标注及解读

公差项目	标注示例	识读	解读含义
对称度	中心平面对中心平面的对称度 A $\equiv\ 0.08\ \ A$	槽的中心平面对零件上、下平面的中心平面 A 的对称度公差为 0.08 mm	槽的中心平面必须位于距离为公差值 0.08 mm 且相对基准中心平面 A 对称配置的两平行平面之间 0.04　0.08 基准平面

续表

公差项目	标 注 示 例	识读	解读含义
对称度	中心平面对轴线的对称度 $\equiv\boxed{0.08\ A}$ A—A	键槽两侧面的中心对称平面对 ϕd 圆柱的轴线 A 的对称度公差为 0.08 mm	键槽两侧面的中心对称平面必须位于距离为公差 0.08 mm 且相对基准轴线 A 对称配置的两平行平面之间

3. 对称度误差

对称度误差是指实际被测中心要素对其理想要素的变动量，该理想要素与基准(中心平面、轴线或中心线)重合或者通过基准。其合格条件是：对称度误差值不大于对称度公差值。

二、对称度误差的检测方法

零件定位误差的测量通常采用平台测量法，它是以精密测量平板为基本的测量器件，辅以百分表、千分表、高度尺、直角尺等通用量具及其他辅助器具，通过不同的组合完成测量。具体方法是以平板为测量基准，基准轴线用 V 形架模拟，被测中心平面由定位块模拟(定位块可以是专用的，也可由量块研合)。

对称度的测量方法很多，选择时应根据实际情况选用简单易行的方法。例如，表 5-3 中的示例一，可选用以下两种测量方法。

测量方法一：如图 5-11(a)所示，将被测零件放置在检验平板上，先测量被测表面与检验平板之间的距离；然后翻转被测零件，再测量另一被测表面与平板之间的距离。取测量截面里对应两测点的最大差值作为该零件的对称度误差。该测量方法对测量条件要求不高，易操作，适用面广，适宜于测量一般的中、低精度的零件。

测量方法二：如图 5-11(b)所示，分别测出定位块与上、下平板之间的距离，取两个距离的最大差值为零件的对称度误差。

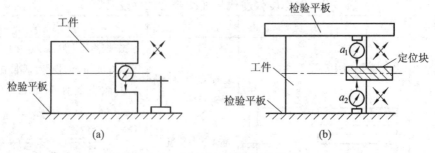

图 5-11 面对面对称度误差检测

▶▶▶ 任务实施

一、检查千分表及零件

(1) 将被测工件擦拭干净,特别是基准面和被测表面。

(2) 检查杠杆千分表。

二、检测零件

(1) 将被测零件固定在直角铁上,将心轴塞入基准孔中,用心轴的轴线模拟基准孔的轴线。

(2) 调整好杠杆千分表测量杆的位置。

(3) 将千分表在模拟心轴的圆柱面上调零,按需要测量若干轴向截面,记录千分表的读数,如图 5-12 所示。

(4) 上下翻转零件 180°,将千分表在模拟心轴的圆柱面上调零,测量圆柱面相应各轴向截面,记录千分表的读数。

(5) 取两次截面轮廓要素上千分表读数中的最大和最小差值作为该零件的对称度误差。

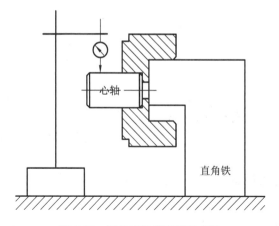

图 5-12 测量对称度误差的方法

三、检测数据及评定

根据要求进行检测并填写下表:

检测项目	对称度					测量结果及 合格性判断
器具名称	杠杆千分表					
数据 记录	测量要求	测量数据				
		圆柱素线 1				
		圆柱素线 2				

▶▶▶ 知识拓展

用百分表检测键槽对称度误差

图 5-13 所示零件上键槽中心平面对 ϕd 轴线的对称度公差为 0.1 mm。实际测量时，基准轴线由 V 形架模拟，键槽中心平面由定位块模拟。首先用指示表调整工件，使定位块沿径向与平板平行并读数；然后将工件旋转 180°，重复上述测量；取两次读数的差值作为该测量截面的对称度误差。按上述方法测量若干个轴截面，取其中最大的误差值作为该工件的对称度误差。

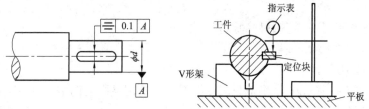

图 5-13　用百分表检测键槽对称度误差

练　习　题

一、填空题

1. 对称度公差是限制被测实际要素的_____相对于基准要素的对称中心的变动量。它主要用于对被测实际要素对称中心相对于_____对称中心的_____提出要求。

2. 对称度公差带是指距离等于_____，且相对于基准中心要素对称_____的两平行平面所限定的区域。

3. 对称度误差是指实际被测中心要素相对其_____的变动量，该理想要素与基准(中心平面、轴线或中心线)重合或者_____。

4. 对称度检测合格的条件是：对称度误差值_____对称度公差值。

5. 在成批或大量生产中，工件尺寸多用极限量规来检验。用它来检验工件时，只能确定工件是否在允许的_____，不能测量出工件的_____。

二、问答题

识读题 5-3 图中对称度公差代号标注的含义。

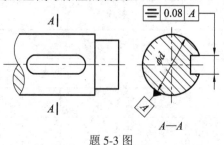

题 5-3 图

项目六　传动轴的检测

　　传动轴是机械零件中常见的一种零件，用来支承传动零件、传递转矩；具有配合和传动要求的圆柱面，为确保零件正常的使用性能，除了具有较高的尺寸精度要求外，圆柱面轴线的同轴度、跳动精度、表面粗糙度也有较高的要求，如图 6-1 所示。本项目主要学习同轴度公差、跳动公差、表面粗糙度项目的代号、标注方法及含义等理论知识；学习在偏摆仪上用百分表测量同轴度误差和跳动误差的方法，以及利用表面粗糙度仪检测表面粗糙度；通过检测零件上同轴度误差、跳动误差以及表面粗糙度是否符合图纸要求，来判断零件的合格性。

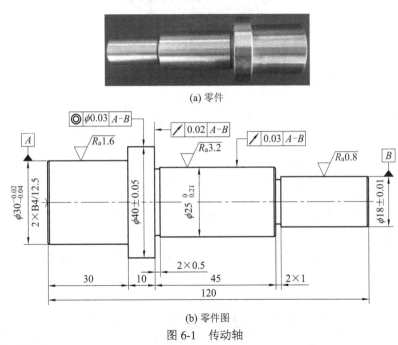

(a) 零件

(b) 零件图

图 6-1　传动轴

任务一　同轴度误差的检测

▶▶▶ 任务概述

　　分析图 6-1 所示传动轴零件图上的同轴度公差要求，利用百分表、偏摆仪检测零件的同轴度误差，并判断其合格性。

▶▶▶ 任务目标

1. 知识目标

(1) 掌握同轴度公差与公差带的基本概念。

(2) 正确识读图中标注的同轴度公差代号。

(3) 掌握利用偏摆仪、百分表检测传动轴同轴度误差的步骤及方法。

2．技能目标

能正确利用偏摆仪、百分表检测传动轴同轴度误差。

▶▶▶ 测量器具准备

本任务所用的测量器具有百分表和偏摆仪(图 6-2)。

图 6-2　偏摆仪

▶▶▶ 知识链接

一、同轴度

1.同轴度公差

同轴度公差涉及的要素是圆柱面或圆锥面的轴线。同轴度是指被测轴线应与基准轴线(或公共基准轴线)重合的精度要求。

同轴度公差是指实际被测轴线对基准轴线(被测轴线的理想位置)的允许变动量。

2.同轴度公差带

同轴度公差带是指直径等于公差值 t，且与基准轴线(或公共基准轴线)同轴线的圆柱面所限定的区域。

同轴度公差代号在图样上的标注及解读见表 6-1。

表 6-1　同轴度公差代号在图样上的标注及解读

定位公差项目	标 注 示 例	识读	解读含义
同轴 (同心)度	轴线对轴线的同轴度 $\boxed{A}$　$\boxed{\odot \phi 0.02\ A}$ ϕd_1　ϕd_2	ϕd_2 圆柱的轴线对基准轴线 $A(\phi d_1$ 的轴线)的同轴度公差为 $\phi 0.02$ mm	ϕd_2 圆柱的轴线必须位于直径为公差值 $\phi 0.02$ mm 且与基准轴线同轴的圆柱面内
	圆心对圆心的同轴(心)度 厚0.5 ϕd $\boxed{\odot \phi 0.1\ A}$	ϕd 圆心对基准圆心 A 的同心度公差为 $\phi 0.1$ mm	ϕd 圆心必须位于直径为公差值 $\phi 0.1$ mm 且与基准圆心 A 同心的圆内

3. 同轴度误差

同轴度误差是指实际被测轴线对其具有确定位置的理想要素的变动量，该理想要素就是基准轴线。同轴度误差值应该用定位最小包容区域来评定。同轴度误差定位最小包容区域的形状为圆柱形，与公差带的形状相同，该区域的直径及误差值的大小由实际被测轴线本身来确定。在满足被测零件功能要求的前提下，同轴度误差值也可以采用其他评定方法来评定。其合格条件是：同轴度误差值不大于同轴度公差值。

二、偏摆仪

1. 偏摆仪的结构

偏摆仪是常用的一种计量器具，一般用铸铁制成，带有可调整的顶尖座和高精度的纵向、横向导轨，并配有专用表架。利用百分表、千分表可对回转体零件进行同轴度误差、跳动误差等的检测，如图 6-3 所示。

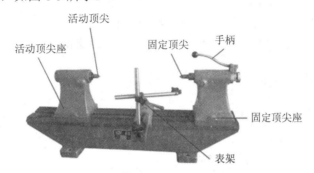

图 6-3 偏摆仪的结构

2. 偏摆仪的使用方法

测量前将零件安装在两顶尖之间，以零件转动自如又无松动为宜。将百分表安装在表架上，使百分表测量杆垂直向下，与被测表面接触；转动被测零件，百分表的变动量即为零件在该截面的同轴度误差。按上述方法测量若干个轴截面，取其中最大的误差值作为该零件的同轴度误差。

▶▶▶ 任务实施

一、检查偏摆仪及零件

(1) 将被测传动轴擦拭干净，特别是被测表面。

(2) 检查偏摆仪两顶尖是否同轴，导轨面是否平滑无磕碰伤痕，并擦拭干净。

二、检测零件

(1) 移动顶尖座，调整好两顶尖距离略小于被测零件长度，将被测工件装在两顶尖之间，锁好锁紧装置，如图 6-4 所示。

(2) 将百分表装入表架，移动表座，调整到被测位置；轻提测量头，满足 0.5～1 mm

的压缩量；与被测表面接触，并压在被测圆柱面最高素线上，将百分表调零，如图 6-5 所示。

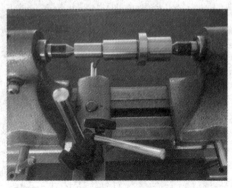

图 6-4　装夹工件　　　　　　　　　　图 6-5　测量同轴度误差

(3) 转动被测工件，读取最大和最小示值，其差值为该零件在该截面的同轴度误差。

(4) 重复以上测量，测量若干圆柱截面并记录相关数据。

(5) 各截面中最大的同轴度误差值即为该零件的同轴度误差。

三、检测数据及评定

按要求进行检测并填写下表：

检测项目	同轴度	公差	$\phi\,0.03$ mm	量具名称	偏摆仪、百分表

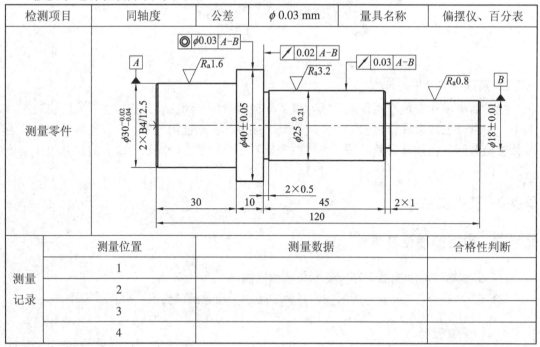

测量记录	测量位置	测量数据	合格性判断
	1		
	2		
	3		
	4		

四、偏摆仪使用的注意事项

(1) 检测工件时，应小心轻放，导轨面上不允许放置任何工具或工件。

(2) 工件检测完后，应立即对仪器进行维护保养，导轨及顶尖套应上油防锈，并保持周围环境整洁。

(3) 应指定专人于每月底对偏摆仪进行精度实测检查，确保设备完好，并做好实测记录。

(4) 偏摆仪必须始终保持完好，安装应平衡可靠，导轨面要光滑，无磕碰伤痕，两顶尖同轴度允差应在 $L=400$ mm 范围内两个互相垂直的方向上均小于 0.02 mm。

▶▶▶ 知识拓展

利用 V 形支承架检测同轴度误差

利用 V 形支承架检测同轴度误差的方法如下：

(1) 将准备好的刃口状 V 形块放置在平板上，并调整水平。

(2) 将被测零件基准轮廓要素的中截面(两端圆柱的中间位置)放置在两个等高的刃口状 V 形块上，如图 6-6 所示。

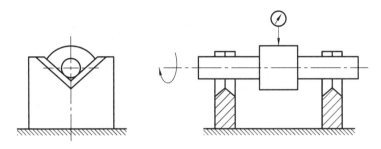

图 6-6　V 形支承检测同轴度误差

(3) 安装好百分表、表座、表架，调节百分表，使测量头与工件被测外表面接触，并有 0.5～1 mm 的压缩量。

(4) 转动工件一周，观察百分表指针的波动，取最大读数与最小读数的差值之半，作为该截面的同轴度误差。

(5) 转动被测零件，按上述方法测量四个不同截面(截面 A、B、C、D)，记录数据并取平均值。

(6) 按步骤完成测量，将被测件的相关信息及测量结果填入检测报告单中，并检验零件的同轴度误差是否合格。

练　习　题

一、填空题

1. 同轴度公差的被测要素和基准要素均为_____。

2. 同轴度的公差带为与基准轴线_____的_____内的区域。

3. 同轴度误差是指_____对其具有确定位置的理想要素的变动量，该理想要素就是_____。

4. 偏摆仪是常用的一种计量器具，一般用铸铁制成，带有可调整的前后_____和高精度的_____、_____导轨，并配有专用表架。

5. 偏摆仪必须始终保持完好，安装应平衡可靠，导轨面要光滑，无磕碰伤痕，两顶尖同轴度允差应在_____范围内两个互相垂直的方向上均小于_____。

二、问答题

1. 同轴度误差判定合格的条件是什么？

2. 如何检测偏摆仪的同轴度？

3. 识读题 6-1 图中形位公差代号标注的含义。

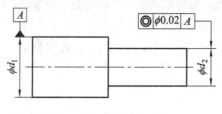

题 6-1 图　形位公差示例

任务二　圆跳动误差的检测

▶▶▶ 任务概述

分析图 6-1 所示传动轴零件图上的圆跳动公差要求，用偏摆仪检测零件的圆跳动误差，并判断其合格性。

▶▶▶ 任务目标

1．知识目标

(1) 掌握圆跳动公差与公差带的含义。

(2) 掌握偏摆仪、百分表检测传动轴圆跳动误差的步骤及方法。

2．技能目标

能正确使用偏摆仪、百分表检测传动轴的圆跳动误差。

▶▶▶ 测量器具准备

本任务所用的测器具有百分表和偏摆仪。

▶▶▶ 知识链接

1．跳动公差

跳动公差用来限制被测表面对基准轴线的变动量。跳动公差代号在图样上的标注及解读见表 6-2。

表 6-2 跳动公差代号在图样上的标注及解读

跳动公差项目	标 注 示 例	识读	解读含义
圆跳动	径向圆跳动	ϕd_2 圆柱面对基准轴线 A 的径向圆跳动公差为 0.05 mm	ϕd_2 圆柱面绕基准轴线回转一周时，在垂直于基准轴线的任一测量平面内的径向跳动量均不得大于公差 0.05 mm
	轴向端面圆跳动	左端面对基准轴线 A 的轴向圆跳动公差为 0.05 mm	左端面绕基准轴线回转一周时，在与基准轴线同轴的任一直径位置的测量圆柱面上的轴向跳动量均不得大于公差 0.05 mm
	斜向圆跳动	圆锥面对基准轴线 C 的斜向圆跳动公差为 0.1 mm	圆锥面绕基准轴线回转一周时，在与基准轴线同轴的任一测量圆锥面(素线与被测面垂直)上的跳动量均不得大于公差 0.1 mm
全跳动	径向全跳动	ϕd_1 圆柱面对基准轴线 A 的径向全跳动公差为 0.2 mm	ϕd_1 圆柱面绕基准轴线 A 连续回转，同时指示表相对圆柱面作轴向移动，在 ϕd_1 整个圆柱表面上的径向跳动量不得大于公差 0.2 mm

跳动公差项目	标 注 示 例	识读	解读含义
全跳动	轴向全跳动 $\fbox{$\nearrow$	0.05	A}$ ϕd $\fbox{A}$	左端面对基准轴线 A 的轴向全跳动公差为 0.05 mm	左端面绕基准轴线连续回转,同时指示表相对端面作径向移动,在整个端面上的轴向跳动量不得大于公差 0.05 mm 基准轴线　　0.05

2. 跳动公差的种类

1) 按测量方向分类

按测量时指示表测量杆的轴线相对于基准轴线的方向(测量方向),跳动分为以下三种。

(1) 径向跳动:测量方向垂直于基准轴线,指示表测量杆的轴线与基准轴线垂直且相交。

(2) 轴向跳动:测量方向平行于基准轴线,指示表测量杆的轴线平行于基准轴线。

(3) 斜向跳动:测量方向一般为被测表面的法线方向,有时可以指定测量方向,这时在零件图样上要加以特别规定。指示表测量杆的轴线与急转轴线倾斜且相交。

2) 按测量区域分类

(1) 圆跳动:实际被测要素在无轴向移动的条件下绕基准轴线回转一周的过程中,由位置固定的指示表在给定的测量方向上对该实际被测要素测得最大与最小示值之差。

(2) 全跳动:实际被测要素在无轴向移动的条件下绕基准轴线连续回转,同时指示表平行或垂直于基准轴线连续移动(或者实际被测要素每回转一周,指示表作间断性移动),由指示表在给定的测量方向上对该实际被测要素测得最大与最小示值之差。全跳动又可分为径向全跳动和轴向全跳动。

▶▶▶ 任务实施

一、检查偏摆仪、百分表及零件

(1) 将被测零件擦拭干净,特别是被测表面。

(2) 检查百分表运动是否灵活,偏摆仪两顶尖是否同轴,并擦拭干净。

二、检测零件

(1) 将工件安装在两顶尖之间。

(2) 在偏摆仪上测量径向圆跳动误差时,首先使百分表测量杆垂直向下,测量头压在被测圆柱某个轴截面的最高素线上,如图 6-7 所示。

图 6-7 径向圆跳动误差检测

(3) 工件旋转一周,百分表指针的变动量即为零件在该截面的径向圆跳动误差。

(4) 百分表作轴向移动,按上述方法测量若干圆柱截面,并记录测量数据。

三、检测数据及评定

按要求进行检测并填写下表:

检测项目	径向圆跳动	公差	0.03 mm	量具名称	百分表、偏摆仪

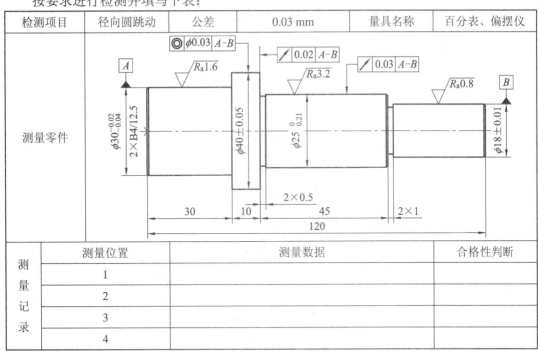

测量记录	测量位置	测量数据			合格性判断
	1				
	2				
	3				
	4				

▶▶▶ **知识拓展**

全跳动误差检测

1. 径向全跳动误差检测

(1) 将被测零件支承在导向套筒内,并在径向固定,导向套筒的轴线应与平板平行。

(2) 在被测零件连续回转的过程中，指示表沿被测表面的轴向作直线移动(或者使被测零件每回转一周，杠杆百分表作间断运动)，如图 6-8 所示。

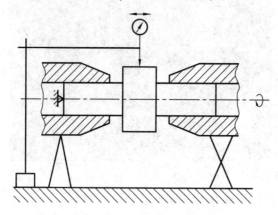

图 6-8　径向全跳动误差检测

(3) 在整个测量过程中，指示表读数的最大差值即为该零件的径向全跳动误差。

2. 轴向全跳动误差检测

(1) 将被测零件支承在导向套筒内，并在轴向固定，导向套筒的轴线应与平板垂直。

(2) 在被测零件连续回转的过程中，指示表沿被测表面的径向作直线移动(或者使被测零件每回转一周，杠杆百分表作间断运动)，如图 6-9 所示。

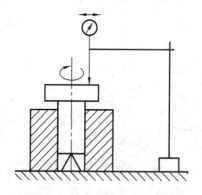

图 6-9　轴向全跳动误差检测

(3) 在整个测量过程中，指示表读数的最大差值即为该零件的轴向端面全跳动误差。

练 习 题

一、填空题

1. 跳动公差用来限制被测表面对_____的变动量。

2. 跳动公差按照测量的方向可以分为_____、_____、_____。

3. 跳动公差按照测量区域可以分为_____、_____。

4. 径向跳动的测量方向垂直于_____，指示表测量杆的轴线与基准轴线垂直且_____。

5. 轴向跳动的测量方向_____基准轴线，指示表测量杆的轴线_____基准轴线。

6. 全跳动指实际被测要素在无轴向移动的条件下绕基准轴线_____，同时指示表平行或垂直于基准轴线_____ (或者实际被测要素每回转一周，指示表作间断性移动)，由指示表在给定的测量方向上对该实际被测要素测得_____示值之差。全跳动可以分为_____全跳动和_____全跳动。

二、问答题

1. 跳动公差的分类有哪些？各分为什么？

2. 叙述径向全跳动误差的检测方法。

3. 偏摆仪测量跳动误差的注意事项有哪些？

4. 识读题 6-2 图中形位公差代号标注的含义。

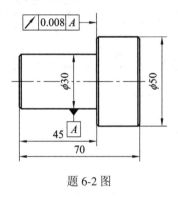

题 6-2 图

任务三 表面粗糙度的检测

▶▶▶ 任务概述

分析图 6-1 所示传动轴零件图上的表面粗糙度要求，用粗糙度样板检测零件的表面粗糙度，并判断其合格性。

▶▶▶ 任务目标

1. 知识目标

(1) 理解表面粗糙度的相关参数及定义。

(2) 掌握表面粗糙度的符号及标注方法。

(3) 掌握表面粗糙度的检测方法。

2. 技能目标

能正确使用表面粗糙度样板检测传动轴的表面粗糙度。

▶▶▶ 测量器具准备

本任务所用的粗糙度样板如图 6-10 所示。

图 6-10   表面粗糙度样板

▶▶▶ 知识链接

一、表面结构及评定参数

表面结构要求包括零件表面的表面结构参数、加工工艺、表面纹理及方向、加工余量、传输带、取样长度等。表面结构参数有粗糙度参数、波纹度参数和原始轮廓参数等，其中粗糙度参数是常用的表面结构要求。

粗糙度是指加工表面上所具有的较小间距和峰谷所组成的微观几何形状特性，有轮廓算术平均偏差 R_a 和轮廓最大高度 R_z，其中 R_a 值为最常用的评定参数。

1．取样长度(l_r)和评定长度(l_n)

取样长度是为判别具有表面粗糙度特征而规定的一段基准线长度。在取样长度内，一般应不少于 5 个以上的轮廓峰和轮廓谷。

评定长度是评定表面粗糙度所必需的一段长度，一般取 $l_n = 5l_r$。

2．轮廓算术平均偏差 R_a

在取样长度内，轮廓偏距绝对值的算术平均值称为轮廓算术平均偏差，如图 6-11 所示。

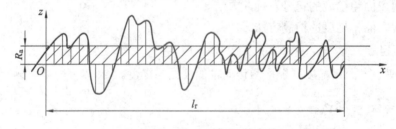

图 6-11   轮廓算术平均偏差 R_a

3. 轮廓最大高度 R_z

在取样长度内，轮廓峰顶线与轮廓谷底线之间的距离称为轮廓最大高度，如图 6-12 所示。

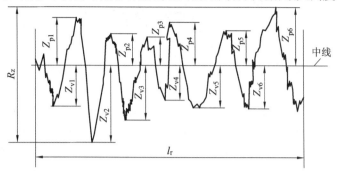

图 6-12　轮廓最大高度 R_z

二、表面粗糙度符号

表面粗糙度符号的表示方法及说明见表 6-3。

表 6-3　表面粗糙度符号

符号名称	符　　号	含　　义
基本图形符号		由两条不等长的与标注表面成 60°夹角的直线构成，仅用于简化代号标注，没有补充说明时不能单独使用
扩展图形符号		在基本图形符号上加一短横线，表示指定表面是用去除材料的方法获得的，如通过机械加工获得的表面
		在基本图形符号上加一个圆圈，表示指定表面是用不去除材料的方法获得的
完整图形符号		当要求标注表面结构特征的补充信息时，应在图形符号的长边上加一横线

三、表面粗糙度代号

在表面粗糙度符号上注出所要求的表面特征参数后，即构成表面粗糙度代号，图样上标注的表面粗糙度代号表示完工后的零件表面所要达到的表面质量，体现零件在机器设备中的功能要求。

1. 表面粗糙度代号的表示方法

表面粗糙度代号的表示方法如图 6-13 所示。

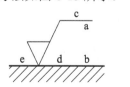

图 6-13　表面粗糙度代号的表示方法

a—第一表面粗糙度要求；

b—第二表面粗糙度要求；

c—加工方法，如车、铣、磨等；

d—表面纹理方向；

e—加工余量。

2. 表面粗糙度代号标注示例及含义

表面粗糙度代号标注示例及含义见表 6-4。

表 6-4　表面粗糙度代号标注示例及含义

代号	含　义
$\sqrt{}$ R_a25	表示表面用非去除材料的方法获得，单向上限值，轮廓算术平均偏差 R_a 为 25 μm
$\sqrt{}$ $R_z0.8$	表示表面用去除材料的方法获得，单向上限值，轮廓最大高度 R_z 为 0.8 μm
$\sqrt{}$ $R_a3.2$	表示表面用去除材料的方法获得，单向上限值，轮廓算术平均偏差 R_a 为 3.2 μm
$\sqrt{}$ U $R_a3.2$ L $R_a0.8$	表示表面用去除材料的方法获得，双向极限值，轮廓算术平均偏差 R_a 的上限值为 3.2 μm，下限值为 0.8 μm
$\sqrt{}$ L $R_a3.2$	表示表面用任意加工方法获得，单向下限值，轮廓算术平均偏差 R_a 为 1.6 mm

3. 表面粗糙度代号在图样上的标注

表面粗糙度代号可标注在轮廓线、尺寸界线或其延长线上，其符号应从材料外指向并接触表面，其参数的注写和读取方向与尺寸数字的注写和读取方向一致。必要时，表面粗糙度代号可用带箭头或黑点的指引线引出标注。在不致引起误解时，表面结构要求还可以标注在给定的尺寸线上。表面结构要求还可标注在形位公差框格上方。详细标注方法如图 6-14 所示。

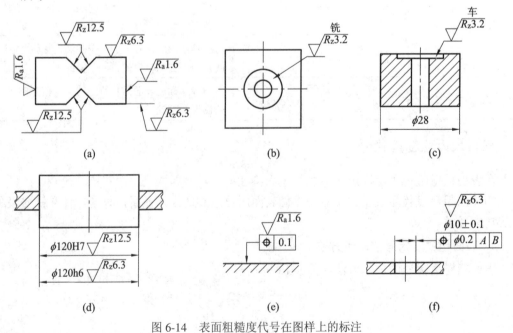

图 6-14　表面粗糙度代号在图样上的标注

四、表面粗糙度对零件使用性能的影响

1．对零件运动表面的摩擦和磨损影响

两个表面相对运动时，表面越粗糙，其摩擦系数、摩擦阻力越大，零件运动表面磨损越快；若表面过于光滑，容易使运动表面间形成半干摩擦甚至干摩擦，反而增加磨损。

2．对配合性质的影响

对于间隙配合，相对运动的表面因表面粗糙度过大会迅速磨损，致使间隙增大；对于过盈配合，表面轮廓峰顶在装配时容易被挤平，使实际有效过盈量减小，致使连接强度降低。

3．对抗腐蚀性的影响

粗糙的表面，易使腐蚀性物质存积在表面的微观凹谷处，并深入到金属内部，致使腐蚀性加剧。

4．对机器定位精度的影响

零件定位表面上由于表面粗糙度的存在，接触面积减小，受到压力时，凸峰处会产生塑性变形，造成定位不稳定，产生定位误差。

5．对疲劳强度的影响

零件表面越粗糙，零件在交变应力的作用下易产生应力集中，导致疲劳强度降低，零件表面产生裂纹甚至损坏；此外还影响零件的接触刚度、密封性和美观性。

五、表面粗糙度比较样板

表面粗糙度比较样板(图 6-10 所示)是用来检查表面粗糙度的一种比较量具。通过比较法检测表面粗糙度，是用已知其高度参数值的粗糙度样板与被测表面相比较，通过人的感官，凭触觉、视觉且可借助放大镜、显微镜来判断被测表面粗糙度的一种检测方法。

▶▶▶ 任务实施

一、检查表面粗糙度样板及零件

(1) 将被测零件擦拭干净，特别是被测表面。
(2) 检查表面粗糙度样板是否磨损，纹理是否清晰。

二、检测零件

(1) 根据零件的表面粗糙度要求及零件的加工方式，选择合适的粗糙度样板。
(2) 视觉法：用眼睛反复比较被测表面与粗糙度样块间的加工痕迹异同、反光强弱、色彩差异，以判定被测表面粗糙度的大小。必要时可以借助放大镜进行比较，如图 6-15 所示。

图 6-15　样板检测

(3) 触觉法：用手指触摸被检验表面和标准粗糙度样块的工作面，根据手的感觉判断被测表面与粗糙度样块在峰谷高度和间距上的差别，从而判断被测表面粗糙度的大小。

三、检测数据及评定

按要求进行检测并填写下表：

检测项目	表面粗糙度		量具名称	表面粗糙度样板
测量零件	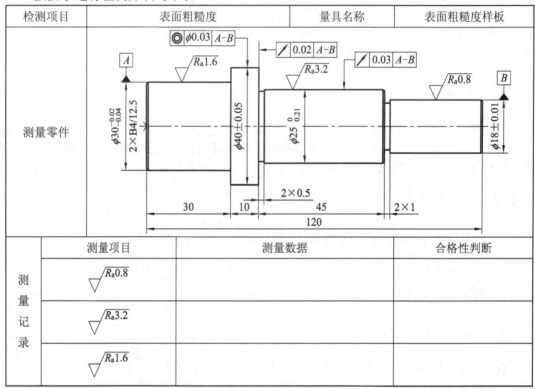			

	测量项目	测量数据	合格性判断
测量记录	$\sqrt{}$ $R_a0.8$		
	$\sqrt{}$ $R_a3.2$		
	$\sqrt{}$ $R_a1.6$		

四、检测注意事项

(1) 被测表面与粗糙度比较样块应具有相同的材质。不同材质表面的反光特性和手感不一样。

(2) 被测表面与粗糙度比较样块应具有相同的加工方法。不同的加工方法所获取的加工痕迹是不一样的。

(3) 用比较法检测各工件的表面粗糙度时，应注意温度、照明方式等环境因素的影响。

▶▶▶ 知识拓展

表面粗糙度的其他检测方法

1. 光切法

光切法是通过光切显微镜(如图 6-16 所示)，利用光切原理，从目镜观测表面实际轮廓的放大光亮带，再通过测微装置测出粗糙度数值。光切法适合测量 R_z 的值，测量范围一般为 0.5～60 μm。

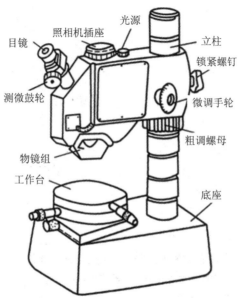

图 6-16 光切法检测表面粗糙度

2. 干涉法

干涉法是通过干涉显微镜(如图 6-17 所示)，利用光波干涉原理，从目镜观测零件表面峰谷状干涉条纹，再通过测微装置测出干涉条纹的峰谷弯曲程度。光干涉法适合测量 R_z 的值，测量范围一般为 0.03～0.8 μm。

3. 针描法

针描法是用表面粗糙度仪(图 6-18)测量表面粗糙度的一种接触式测量方法。测量时使触针以一定速度划过被测表面，传感器将触针随被测表面微小峰

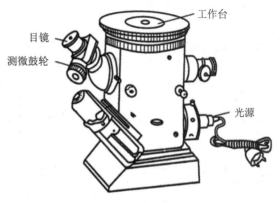

图 6-17 干涉显微镜

谷的上下移动转化成电信号，并经过传输、放大和积分运算处理后，通过显示器显示出粗糙度值。其测量 R_a 值的范围一般为 0.01～25 μm。

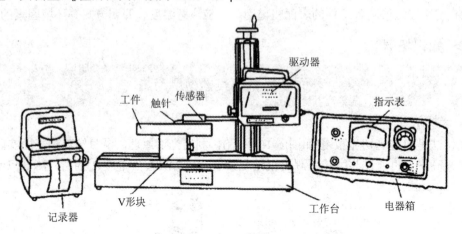

图 6-18　表面粗糙度仪

练　习　题

一、填空题

1. 表面结构要求包括零件表面的_____、加工工艺、_____、加工余量、传输带等。

2. 粗糙度是指加工表面上所具有的_____和_____所组成的微观几何形状特性，有轮廓算术平均偏差_____和轮廓最大高度_____。

3. 取样长度是为判别具有表面粗糙度特征而规定的一段_____长度。

4. 在取样长度内，轮廓偏距绝对值的算术平均值称为_____。在取样长度内，轮廓峰顶线与轮廓谷底线之间的距离称为_____。

5. 表面粗糙度对零件使用性能的影响主要有_____、_____、_____、_____、_____。

二、问答题

1. 解释题 6-3 图表面粗糙度符号、字母的意义。

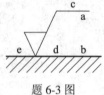

题 6-3 图

2. 识读题 6-4 图零件中标有序号的表面粗糙度代号的含义。

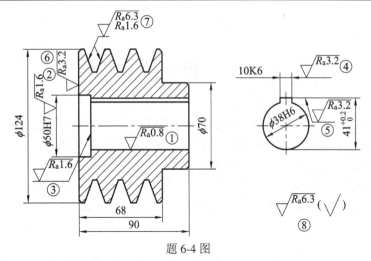

题 6-4 图

3. 简述利用粗糙度样板检测零件表面粗糙度的注意事项。

4. 表面粗糙度对零件使用性能的影响有哪些？

项目七 螺纹的检测

螺纹具有结构简单、性能可靠、拆卸方便、便于制造等特点，成为各种机电产品中不可缺少的结构要素。螺纹起着紧固连接、密封、传递运动和力等作用，这就需要通过材料保证其强度，也对它的几何精度有相应要求，如图 7-1 所示。本项目主要学习螺纹的公差、公差带等理论知识，学习螺纹量规、螺纹千分尺的结构和使用方法，学会用螺纹量规对螺纹进行综合测量，学会用螺纹千分尺检测螺纹中径，并判断零件的合格性。

(a) 零件

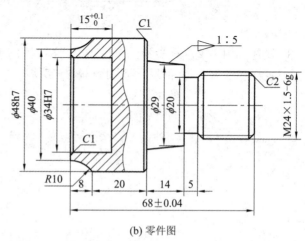

(b) 零件图

图 7-1 螺纹轴

任务一   用螺纹量规检测螺纹

▶▶▶ 任务概述

观察图 7-1 所示螺纹轴零件的结构和加工情况，分析零件图上标注的螺纹代号及含义，用螺纹量规检测螺纹轴上螺纹是否合格。

▶▶▶ 任务目标

1. 知识目标

(1) 熟悉螺纹的公差带代号。

(2) 掌握螺纹量规的使用方法。

2. 技能目标

正确使用螺纹量规对螺纹进行综合测量。

▶▶▶ 测量器材准备

本任务所用的螺纹环规如图 7-2 所示。

图 7-2　螺纹环规

▶▶▶ 知识链接

一、普通螺纹的参数

1. 普通螺纹的主要参数

如图 7-3 所示，螺纹的主要参数有大径(D 或 d)、中径(D_2 或 d_2)、小径(D_1 或 d_1)、螺距(P)、线数(n)、导程(L)、牙型角(α)、螺旋升角(φ)等，具体含义见表 7-1。国家标准规定，普通螺纹的公称直径是指螺纹大径的基本尺寸。

表 7-1　普通螺纹的主要参数及含义

主要参数	定　义	符　号
大径	与外螺纹牙顶或内螺纹牙底相重合的假想圆柱直径，也称为螺纹的公称直径	$D(d)$
中径	圆柱的母线通过牙型上沟槽和凸起宽度相等的假想的圆柱直径	$D_2(d_2)$
单一中径	圆柱的母线通过牙型上沟槽宽度等于基本螺距一半($P/2$)的假想的圆柱直径，当螺距无误差时，中径就是单一中径；当螺距有误差时，则两者不相等。通常当作实际中径	$D_{2a}(d_{2a})$
小径	与外螺纹牙底或内螺纹牙顶相重合的假想圆柱直径	$D_1(d_1)$
螺距	相邻两牙在中径母线上对应两点间的轴向距离	P
线数	一个螺纹零件的螺旋线数目	n
导程	同一条螺旋线上相邻两牙在中径线上对应两点间的轴向距离	$P_h(P_h=nP)$
牙型角	在螺纹牙型上相邻两牙侧间的夹角	α
螺旋升角	中径圆柱上螺旋线的切线与垂直螺纹轴线平面的夹角	φ

为方便起见，外螺纹的大径 d 和内螺纹的小径 D_1 又称为顶径；外螺纹的小径 d_1 和内螺纹的大径 D 又称为底径。

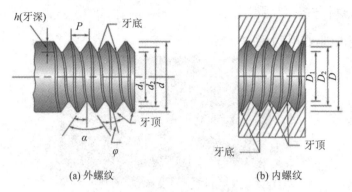

(a) 外螺纹   (b) 内螺纹

图 7-3   普通螺纹的主要参数

2. 普通螺纹的参数误差对螺纹互换性的影响

螺纹连接的互换性要求,是指装配过程中的可旋合性以及使用过程中联接的可靠性。影响螺纹互换性的主要参数是螺距、牙型半角和中径。

螺距误差的存在会造成内、外螺纹的干涉,导致无法旋合。牙型半角误差是螺纹牙侧相对于螺纹轴线的方向误差,会造成内、外螺纹旋合时牙侧发生干涉,不能旋合。螺纹中径在制造过程中也不可避免地会出现一定的误差,若仅考虑中径的影响,那么只要外螺纹中径小于内螺纹中径就能保证内、外螺纹的旋合性,反之就不能旋合。但如果外螺纹中径过小,内螺纹中径又过大,则会降低连接强度。所以,为了确保螺纹的旋合性,中径误差也必须加以控制。

二、普通螺纹的公差

1. 普通螺纹的公差带

螺纹公差带与尺寸公差带一样,也是由其大小(公差等级)和相对于基本牙型的位置(基本偏差)所组成的。

螺纹公差带的大小由公差值确定,并按公差值大小分为若干等级。其中,6 级是基本级,3 级公差最小,精度最高;9 级精度最低。因为内螺纹加工较困难,所以在同一公差等级中,内螺纹中径公差比外螺纹的大 32%左右。

基本偏差确定了公差带相对基本牙型的位置,内螺纹的基本偏差是下偏差(EI),外螺纹的基本偏差是上偏差(es)。国标对内螺纹规定了两种基本偏差,其代号为 G、H,对外螺纹规定了四种基本偏差,其代号为 e、f、g、h。

2. 旋合长度与精度等级

按螺纹公称直径和螺距规定了长、中、短三种旋合长度,分别用代号 L、N、S 表示。设计时一般选用中等旋合长度 N。

螺纹的精度不仅与螺纹直径的公差等级有关,而且与螺纹的旋合长度有关。当公差等级一定时,旋合长度越长,加工时产生的螺距累积误差和牙型半角误差就可能越大,加工就越困难。因此,公差等级相同而旋合长度不同的螺纹的精度等级也就不相同。按螺纹的公差等级和旋合长度规定了三种精度等级,分别称为精密级、中等级和粗糙级。螺纹精度等级的高低,代表了螺纹加工的难易程度。同一精度等级,随着旋合长度的增加,螺纹的公差等级相应降低。

精密级用于精密连接螺纹，要求配合性质稳定，配合间隙变动较小，需要保证一定的定心精度的螺纹连接，如飞机零件的螺纹可采用4H、5H内螺纹与4h外螺纹相配合。中等级用于一般的螺纹连接。粗糙级用于对精度要求不高或制造比较困难的螺纹连接，如深盲孔攻丝或热轧棒上的螺纹。

3. 螺纹公差带与配合的选用

内、外螺纹的各种公差带可以组成各种不同的配合。在生产中，为了减少螺纹刀具和螺纹量规的规格和数量，国标规定了内、外螺纹的选用公差带。有11种内螺纹公差带和13种外螺纹公差带可任意组成各种配合。为了保证足够的接触高度，内、外螺纹最好组成H/h、H/g或G/h的配合。为了保证旋合性，内、外螺纹应具有较高的同轴度，并有足够的接触高度和结合强度，通常采用最小间隙为零的配合(H/h)。

三、普通螺纹的标记

完整的螺纹标记由螺纹代号、公称直径、螺距、螺纹公差带代号和螺纹旋合长度代号(或数值)组成，各代号间用"－"隔开。螺纹公差带代号包括中径公差带代号和顶径公差带代号，若中径公差带代号和顶径公差带代号不同，则应分别注出，前者为中径，后者为顶径；若中径和顶径公差带代号相同，则合并标注一个即可。旋合长度代号除"N"不注出外，对于短或长旋合长度，应注出代号"S"或"L"，也可以直接用数值注出旋合长度值。示例如图7-4所示。

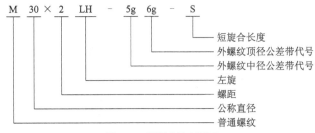

图7-4 螺纹标记示例

四、螺纹量规

普通螺纹的测量可分为综合检验和单项测量两类，同时检验螺纹的几个参数称为综合检验。在实际生产中，主要用螺纹极限量规(图7-5)检验螺纹零件的极限轮廓和极限尺寸，以保证螺纹的互换性，成批大量生产中均采用综合检验。

图7-5 螺纹极限量规

螺纹极限量规与光滑极限量规一样，分为工作量规、验收量规和校正量规三种。普通螺纹工作量规的类型和作用见表7-2。

表7-2　普通螺纹工作量规的类型和作用

螺纹类型	量规名称		作　用	使用方法
外螺纹	螺纹环规	通规(T)	检查作用中径和小径不大于最大极限尺寸	旋入通过
		止规(Z)	检查单一中径不小于中径最大极限尺寸	允许旋入一部分
	光滑环规	通规(T)	检查螺纹大径不大于最小极限尺寸	通过大径
		止规(Z)	检查螺纹大径不小于最小极限尺寸	不通过大径
内螺纹	螺纹塞规	通规(T)	检查作用中径和大径不小于最小极限尺寸	旋入通过
		止规(Z)	检查单一中径不大于中径最大极限尺寸	允许旋入一部分
	光滑塞规	通规(T)	检查螺纹小径不小于最大极限尺寸	通过小径
		止规(Z)	检查螺纹小径不大于最大极限尺寸	不通过小径

▶▶▶ 任务实施

一、检查螺纹环规及零件

(1) 检查所用螺纹环规与被测件图纸上规定的尺寸、公差是否相符。

(2) 检查螺纹环规是否在周期检定期内，并检查其测量面有无毛刺、划伤、锈蚀等缺陷。

(3) 检查被测件表面有无毛刺、棱角等缺陷。

二、检测零件

用螺纹环规对被测外螺纹零件进行检验，检验时保证环规的轴线与被测零件的轴线同轴，并以适当的接触力接触(用较大的力强推、强压塞规都会造成环规不必要的损坏)。通规和止规要联合使用。不要弄反通规和止规。

使用完毕，将环规擦拭干净，并涂上防锈油，存放在专用盒内。

三、检测数据及评定

按要求进行检测并填写下表：

检测项目		外螺纹的综合检验
量具名称		螺纹环规
被测螺纹代号		
测量结果	合格性判断	
	判断理由	

▶▶▶ 知识拓展

螺纹的单项测量

单项测量是对螺纹的某一项基本参数单独进行测量，在单件、小批量生产中，特别是在精密螺纹生产中一般都采用单项测量。

(1) 螺距的测量。对一般精度要求的螺纹，螺距常用螺纹样板进行测量，如图 7-6 所示。

图 7-6　用螺纹样板测量螺纹螺距

(2) 顶径的测量。外螺纹的大径和内螺纹的小径一般用游标卡尺或千分尺测量。

(3) 外螺纹中径的测量。外螺纹中径可以用螺纹千分尺或三针进行测量。对于精度要求不高的螺纹，一般用螺纹千分尺测量。

练　习　题

一、填空题

1. 螺纹公差带公差等级中，_____级是基本级，_____级公差最小，精度最高；_____级精度最低。在同一公差等级中，内螺纹中径公差比外螺纹的_____。

2. 内螺纹的基本偏差是_____偏差，外螺纹的基本偏差是_____偏差。国标对内螺纹规定了两种基本偏差，其代号为_____；对外螺纹规定了四种基本偏差，其代号为_____。

3. 螺纹量规按用途分为_____、_____、_____三类。

4. 螺纹工作量规分为_____、_____两类。

二、简答题

1. 识读下面的螺纹标记含义：

$$M24×2-6g \quad M20×1-7H$$

2. 普通螺纹几何参数误差对螺纹互换性有何影响？

任务二　用螺纹千分尺检测螺纹中径

▶▶▶ 任务概述

观察图 7-1 所示螺纹轴零件的结构和加工情况，分析零件图上标注的螺纹代号及要求，用螺纹千分尺检测螺纹中径，并判断零件的合格性。

▶▶▶ 任务目标

1. 知识目标

(1) 熟悉螺纹中径合格性的判断条件。

(2) 熟悉螺纹千分尺结构。

(3) 掌握螺纹千分尺检测螺纹中径的方法。

2. 技能目标

会用螺纹千分尺检测螺纹中径。

▶▶▶ 测量器材准备

本任务所用的螺纹千分尺如图 7-7 所示。

图 7-7　螺纹千分尺及测量头

▶▶▶ 知识链接

一、螺纹中径合格性的判断条件

在任务一里曾经提到，螺纹中径在制造过程中不可避免地会出现一定的误差，当外螺纹中径大于内螺纹中径时就不能保证内、外螺纹的旋合性；如果外螺纹中径过小，内螺纹中径又过大，则会降低连接强度。因此，螺纹中径是影响螺纹结合互换性的主要参数。在螺纹配合中，实际起作用的中径是作用中径。在 GB/T 197—2003《普通螺纹　公差》标准中已不再出现"中径合格性判断原则"，但在实际生产中大多数企业仍执行 GB/T 197—1981 标准，该标准规定了螺纹中径合格性的判断条件。

1. 作用中径

螺纹的作用中径是指在规定的旋合长度内，恰好包容实际螺纹的一个假想螺纹的中径。此假想螺纹具有基本牙型的螺距、牙型半角(是指在螺纹牙型上，牙侧与螺纹轴线垂直线间的夹角)以及牙型高度，并在牙顶和牙底处留有间隙，以保证不与实际螺纹的大、小径发生干涉。

(1) 外螺纹作用中径。当外螺纹存在螺距误差和牙型半角误差时，只能与一个中径较大的内螺纹旋合，其效果相当于外螺纹的中径增大。这个增大了的假想中径就叫做外螺纹的作用中径 d_{2m}。

(2) 内螺纹作用中径。当内螺纹存在螺距误差及牙型半角误差时，只能与一个中径较小的外螺纹旋合，其效果相当于内螺纹的中径减小。这个减小了的假想中径就叫做内螺纹的作用中径 D_{2m}。

为了使相互结合的内、外螺纹能自由旋合，应保证 D_{2m} 大于或等于 d_{2m}。

2. 螺纹中径合格性的判断条件

(1) 外螺纹：作用中径不大于中径最大极限尺寸，任意位置的实际中径不小于中径最小极限尺寸，即

$$d_{2m} \leqslant d_{2max}, \quad d_{2a} \geqslant d_{2min}$$

(2) 内螺纹：作用中径不小于中径最小极限尺寸，任意位置的实际中径不大于中径最大极限尺寸，即

$$D_{2m} \geqslant D_{2min}, \quad D_{2a} \leqslant D_{2max}$$

二、螺纹千分尺

1. 螺纹千分尺的结构

螺纹千分尺的结构、刻线原理和读数方法与普通千分尺相似，只是把普通千分尺的一对测量头换成专用于测量螺纹的测量头(测量头一端呈 V 形，另一端呈圆锥形)，如图 7-8 所示。这两个测量头是可换的，其测砧和测微螺杆各有一个小孔，可插入不同规格的测量头。

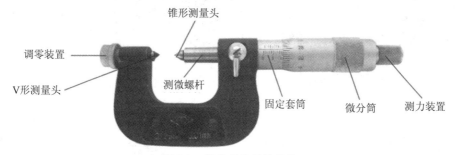

图 7-8　螺纹千分尺的结构

螺纹千分尺每对测量头只能用于一个规定的螺距范围的测量，不同的螺距应采用不同的测量头。测量头是根据标准牙型角和基本螺距制造的，测量所得是螺纹的单一中径，它不包括螺纹螺距和牙型角误差的补偿值。

当被测量的螺纹存在螺距误差和牙型半角误差时，测量头与被测螺纹不能很好地吻合，测出的单一中径数值误差较大，一般在 0.05～0.20 mm 之间。因此，螺纹千分尺只能用于低精度螺纹或工序间的测量。

2. 使用方法及注意事项

(1) 根据被测螺纹的螺距和中径选择螺纹千分尺和测量头。选用的一对测量头规格要一致。

(2) 将一对 V 形和锥形测量头分别插入测砧和测微螺杆孔中，测量头安装在螺纹千分尺上的位置要准确可靠。

(3) 测量前必须检查螺纹千分尺的零位是否准确。每更换一次测量头之后，必须校准零位。

(4) 测量时，两测量头卡入螺纹牙槽中的位置要正确，如图 7-9 所示。螺纹千分尺测量头不能错位，如图 7-10 所示。

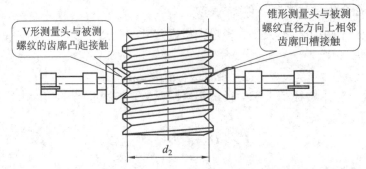

图 7-9　测量头位置示意图

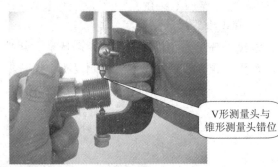

(a) 正确测量　　　　　　　　　　　　　　(b) 错误测量

图 7-10　测量头在螺纹轴向位置示意图

(5) 测量头中心线和螺纹中心线应位于同一平面内，如图 7-11 所示。

(a) 正确测量　　　　　　　　　　　　　　(b) 错误测量

图 7-11　测量头在螺纹径向位置示意图

(6) 两测量头应同时与被测螺纹侧面接触，由于有螺距误差，测量头易出现倾斜现象，为了减少测量头倾斜产生的影响，应尽量减少测量头的截面高度。

(7) 测力大小要适当。螺纹千分尺的测力变化对测量结果影响较大，用螺纹千分尺测量时最好使用测力装置。当螺纹千分尺两个测量头的测量面与被测螺纹的牙型面接触后，旋转螺纹千分尺的测力装置，并轻轻晃动螺纹千分尺，待螺纹千分尺发出"咔咔"声后，即可读数。读得的数就是中径的实际值，将此值与标准中径尺寸比较，即可判定被测的螺纹中径是否合格。

(8) 测量后，将螺纹千分尺擦拭干净并放在专用盒内，还要检查测量头是否齐全。

▶▶▶ 任务实施

一、检查

(1) 检查被测件表面有无毛刺、棱角等缺陷。

(2) 检查螺纹千分尺和测量头的规格是否一致，并检查螺纹千分尺的零位是否准确。

二、检测零件

根据螺纹千分尺的使用方法和注意事项，用螺纹千分尺在同一个截面相互垂直的两个方向上测量螺纹中径，取它们的平均值作为螺纹的实际中径，然后评定零件合格性。

三、检测数据及评定

按要求进行检测并填写下表：

器具名称	螺纹千分尺	测量范围		分度值	mm
被测零件 尺寸	$d_{2max}=$		$d_{2min}=$		
	d_{2a} 测量结果				
截面 1			平均值		
截面 2			平均值		
评定					

▶▶▶ 知识拓展

三针法测量螺纹中径

三针测量法是检验螺纹中径最常用且最准确的方法，如图 7-12 所示。测量时，将三根直径相同的精密量针分别放在被测螺纹的沟槽中，然后用量仪如千分尺、万能测长仪等测出针距 M。

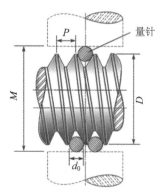

图 7-12　三针测量法

而后根据已知被测螺纹的螺距 P、牙型半角 $\alpha/2$ 和量针直径 d_0，按下式算出被测螺纹的单一中径 d_{2a}：

$$d_{2a} = M - d_0 \left(1 - \frac{1}{\sin\dfrac{\alpha}{2}} \right) + \frac{P}{2}\cot\frac{\alpha}{2}$$

对于普通螺纹，$\alpha/2 = 30°$，则

$$d_{2a} = M - 3d_0 + 0.866P$$

为了消除牙型半角误差对测量结果的影响，应选择合适的量针直径，使量针在中径线上与牙侧接触。对于普通螺纹，量针的最佳直径为

$$d_{0最佳} = \frac{P}{2\cos\dfrac{\alpha}{2}} = 0.577P$$

实施测量时，按图 7-12 所示将三根量针放入螺纹牙槽中，在三个不同截面互相垂直的两个方向上分别测出 M 值，取 M 的平均值代入公式 $d_{2a} = M - 3d_0 + 0.866P$ 中，计算出螺纹中径值，以此评定零件合格性。

练　习　题

一、填空题

1. 国家标准对内、外螺纹规定了＿＿＿＿＿＿＿＿直径公差。

2. 相互结合的内、外螺纹的旋合条件是＿＿＿＿＿＿＿＿＿＿＿。

3. 螺纹千分尺可用来测量＿＿＿＿＿＿＿螺纹的＿＿＿＿＿＿＿大小。

二、简答题

1. 说明下面代号的含义：

M20×2-6H/5g6g

2. 什么是中径、单一中径、作用中径？试比较它们的异同点。

3. 使用螺纹千分尺要注意哪些事项？

项目八 直齿圆柱齿轮的检测

齿轮传动广泛应用于仪表或机械中以传递运动和动力，齿轮传动的质量将影响到仪表或机器的工作精度、承载能力、使用寿命，为此要规定相应的公差对齿轮的质量进行控制，如图 8-1 所示。本项目主要学习齿轮精度等级、齿轮公差等理论知识，齿厚游标卡尺、齿轮径向跳动检查仪的结构和使用方法，以及用齿厚游标卡尺和齿轮径向跳动检查仪测量齿轮的有关尺寸，以判断零件的合格性。

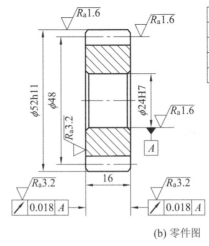

法向模数	m_n	2
齿数	z	24
齿形角	α	20°
径向变位系数	x	0
精度等级		7—FL

(a) 零件

(b) 零件图

图 8-1 渐开线直齿圆柱齿轮

任务一 用齿厚游标卡尺检测齿轮齿厚偏差

▶▶▶ 任务概述

观察图 8-1 渐开线直齿圆柱齿轮零件的结构和加工情况，分析零件图上标注的齿轮参数和齿轮的精度等级，用齿厚游标卡尺测量齿轮的齿厚偏差，并判断零件是否合格。

▶▶▶ 任务目标

1. 知识目标

(1) 了解圆柱齿轮传动的基本要求，理解齿轮精度等级、公差组及检验组的概念。

(2) 熟悉齿厚游标卡尺的结构及工作原理，了解其适用范围，掌握其使用方法。

2. 技能目标

能正确使用齿厚游标卡尺测量齿轮的齿厚偏差。

▶▶▶ 测量器材准备

本任务所用的齿厚游标卡尺如图 8-2 所示。

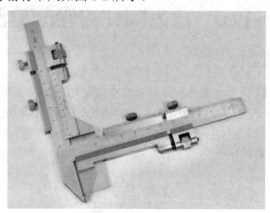

图 8-2　齿厚游标卡尺

▶▶▶ 知识链接

一、齿轮传动的要求

齿轮是机器中使用最多的传动零件，传递运动的准确性、传动的平稳性、载荷分布的均匀性、传动侧隙的合理性是齿轮传动的四个使用要求。

(1) 传递运动的准确性：齿轮在转一周范围内，最大转角误差限制在一定范围，以保证从动件与主动件的运动协调一致。

(2) 传动的平稳性：齿轮转一齿过程中出现的瞬时传动比的变化不能超过一定范围，以防止瞬时传动比的变化引起齿轮传动的冲击、振动和噪音。

(3) 载荷分布的均匀性：齿轮啮合时齿面应接触良好，以免引起应力集中，造成齿面局部磨损，影响齿轮使用寿命。

(4) 传动侧隙的合理性：齿轮啮合时非工作齿面间应留有一定的间隙，用于贮存润滑油、补偿弹性变形和热变形以及齿轮的制造和装配误差等。

实际使用中，根据齿轮传动的不同工作情况，对齿轮的要求各有侧重点。

(1) 一般齿轮：如机床、减速器、汽车等的齿轮，通常对传动的平稳性和载荷分布的均匀性有严格要求。

(2) 动力齿轮：如矿山机械、轧钢机上的齿轮，需要传递的动力大，主要对载荷分布的均匀性和传动侧隙有严格要求。

(3) 读数、分度齿轮：如百分表、千分表中的齿轮以及分度头中的齿轮，对传递运动的准确性有严格要求，一般情况下还要求侧隙保持为零。

(4) 高速齿轮：如汽轮机上的齿轮，转速高、易发热，为减少噪声、振动冲击和避免卡死，对传动的平稳性和侧隙有严格要求。

二、圆柱齿轮的精度标准

GB/T 10095.1～2—2008 国标对渐开线圆柱齿轮及齿轮副规定了 13 个精度等级，用阿拉伯数字 0、1～12 表示，0 级为最高精度等级，12 级为最低精度等级。目前，0、1、2 级精度的加工工艺水平和测量手段尚难以达到，应用很少；3 至 12 级分为三挡：高精度等级为 3、4、5 级，中等精度等级为 6、7、8 级，低精度等级为 9、10、11、12 级。一对齿轮副中两个齿轮的精度等级一般取同级，必要时也可选不同等级。

按齿轮各项误差对传动性能的主要影响，齿轮公差可分成 I、II、III 三个公差组，具体见表 8-1。在生产中，将同一个公差组内的各项指标分为若干个检验组，根据齿轮副的功能要求和生产规模，在各公差组中选定一个检验组来检查齿轮的精度。

表 8-1　齿轮的公差组

公差组	对传动的主要影响	误差特性	公差与极限偏差项目
I	传递运动的准确性	一转内转角误差	F_i'、F_p、F_{pk}、F_i''、F_r、F_W
II	传动的平稳性	齿轮一个周节内转角误差	f_i'、f_i''、f_t、$\pm f_{pt}$、$\pm f_{pb}$、$f_{f\beta}$
III	载荷分布的均匀性	齿线的误差	F_β、F_b、$\pm F_{px}$

三、齿轮的测量

齿轮测量分为单项测量和综合测量，在生产过程中进行的工艺测量一般采用单项测量，其目的是查明工艺过程中产生误差的原因，以便及时调整工艺过程。而综合测量在齿轮加工后进行，其目的是判断齿轮各项精度指标是否达到图样上规定的要求。

评定齿轮误差的参数很多，一般应根据齿轮传动的要求来选择其测量项目，齿轮单项测量项目见表 8-2。

表 8-2　齿轮单项测量项目

测量项目	符号	说　明	测量器具	对传动的影响
齿厚偏差	f_{sn}	在分度圆柱面上，法向齿厚的实际值与公称值之差	齿厚游标卡尺	侧隙的合理性
单个齿距偏差	f_{pt}	分度圆上实际齿距与公称齿距之差	齿轮周节检查仪	传动的平稳性
齿距累积误差	F_{pk}	在分度圆上，任意 k 个同侧齿面间的实际弧长与公称弧长的最大差值	齿轮周节检查仪	运动的准确性
基节偏差	f_{pb}	实际基节与公称基节之差	基节检查仪	传动的平稳性
公法线长度变动量	ΔF_W	在齿轮一转内，实际公法线长度最大值与最小值之差	公法线千分尺	运动的准确性
齿圈径向跳动误差	F_r	齿轮一转范围内,测量头在齿槽内齿高中部双面接触，测量头相对于齿轮轴线的最大变动量	径向跳动检查仪、偏摆检查仪、万能测齿仪	运动的准确性

四、齿厚游标卡尺

1. 结构

齿厚游标卡尺可以测量齿轮分度圆齿厚,齿厚游标卡尺的结构如图8-3所示。

它与普通卡尺相比,是在原卡尺的垂直方向又加了一个卡尺,即水平放置的宽度卡尺与垂直放置的高度卡尺的组合,高度尺和宽度(齿厚)尺的游标分度值相同。目前,常用的齿厚游标卡尺的游标分度值为 0.02 mm,其原理和读数方法与普通游标卡尺相同。卡尺的测量模数范围为 1~16 mm、1~25 mm、5~32 mm 和 10~50 mm 四种。

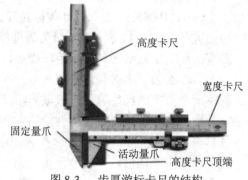

图 8-3　齿厚游标卡尺的结构

2. 测量原理

由于分度圆弧齿厚不易测量,所以一般测量分度圆弦齿厚,来代替分度圆齿厚。高度卡尺用于控制测量部位(分度圆至齿顶圆)的弦齿高 h_f,宽度卡尺用于测量所测部位(分度圆)的弦齿厚 $S_{f(实际)}$。测量时以齿顶圆为基准,将高度卡尺调节为弦齿高,然后紧固,再将高度卡尺顶端接触轮齿顶面,移动宽度卡尺至两量爪与齿面接触为止,这时宽度卡尺上的读数即为弦齿厚,如图8-4所示。

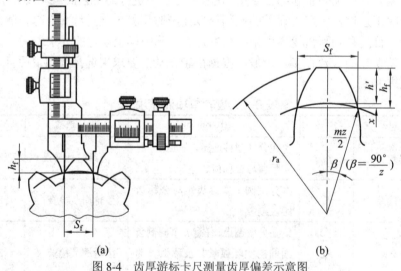

(a)　　　　　　　　　　(b)

图 8-4　齿厚游标卡尺测量齿厚偏差示意图

3. 弦齿高 h_f 的确定

(1) 当齿顶圆直径为公称值时:

直齿圆柱齿轮分度圆处的弦齿高 h_f 和弦齿厚 S_f 可按下式计算:

$$h_f = h' + x = m + \frac{mz}{2}\left[1 - \cos\frac{90°}{z}\right]$$

$$S_f = mz\sin\frac{90°}{z}$$

式中：m——齿轮模数(mm)；

　　　　z——齿轮齿数。

(2) 当齿顶圆直径有误差时：

为了消除齿顶圆偏差的影响，调整高度卡尺时，应在公称弦齿高 h_f 中加上齿顶圆半径的实际偏差 ΔR：

$$\Delta R = \frac{d_{a实际} - d_a}{2}$$

即高度卡尺按下式调整：

$$h_f = h' + x + \Delta R = m + \frac{mz}{2}\left[1 - \cos\frac{90°}{z}\right] + \frac{d_{a实际} + d_a}{2}$$

4. 合格性判断

将实际测量得到的弦齿厚减去公称值，即为分度圆齿厚偏差。每隔 $90°$ 在齿圈上测量一个齿厚，取最大的齿厚偏差值作为该齿轮的齿厚偏差 f_{sn}。

分度圆齿厚偏差的合格条件是

$$E_{sni} \leqslant f_{sn} \leqslant E_{sns}$$

式中，E_{sni} 是齿厚下偏差，E_{sns} 是齿厚上偏差。

▶▶▶ 任务实施

一、检查游标卡尺

(1) 将游标卡尺擦拭干净，检验卡脚紧密贴合时是否有明显缝隙，检查尺身和游标的零位是否对准，以及被测量面是否平直无损。

(2) 移动尺框，检查其活动是否自如，不要过松或过紧，且没有晃动现象。用紧固螺钉固定尺框时，卡尺的读数不应有所改变。在移动尺框时，须松开紧固螺钉。

(3) 检查游标和主尺的零位刻线是否对准，即校对游标卡尺的零位。

二、检测零件

(1) 用外径千分尺测量齿顶圆的实际直径。

(2) 计算分度圆处弦齿高 h_f 和弦齿厚 S_f。

(3) 按 h_f 值调整齿厚游标卡尺的高度卡尺。

(4) 将齿厚游标卡尺置于被测齿轮上，使高度卡尺与齿顶相接触；然后移动宽度卡尺的卡脚，使卡脚靠紧齿廓；从宽度卡尺上读出弦齿厚的实际尺寸(用透光法判断接触情况)。

(5) 分别在圆周上间隔相同的几个轮齿上进行测量，并记录测量结果。

(6) 按被测齿轮的精度等级确定齿厚上偏差 E_{sns} 和齿厚下偏差 E_{sni}，判断被测齿轮齿厚的合格性。

三、检测数据及评定

按要求进行检测并填写下表：

测量项目	齿轮齿厚偏差				
器具名称	齿厚游标卡尺			分度值	
齿轮参数及尺寸 $m=$	齿顶圆直径	分度圆弦齿厚	分度圆弦齿高	齿厚上偏差	齿厚下偏差
$z=$					
测量结果					
测量次数	齿顶圆实际直径	高度卡尺调定高度			
	齿厚实际值	齿厚偏差		结论	
1					
2					
3					
4					

▶▶▶ **知识拓展**

用公法线千分尺测量公法线变动量

由于齿厚偏差以齿顶圆为基准，齿顶圆直径偏差和径向圆跳动会对测量结果有较大的影响，而且齿厚游标卡尺的精度不高，因此齿厚游标卡尺只宜用于低精度或模数较大的齿轮的测量。公法线变动量反映齿轮的运动偏心，不受齿顶圆直径偏差和径向圆跳动的影响，测量的精度较高。

齿廓上几个相邻齿异侧齿廓间的公共法线长度，称为公法线长度。测量公法线长度通常采用公法线千分尺或公法线长度指示卡规等，其测量方法简单、可靠。

1. 公法线千分尺的结构

公法线千分尺与普通外径千分尺的结构和读数方法基本相同，不同之处是公法线千分尺的测砧制成蝶形，以便于测量时测量面能与被测齿面相接触。公法线千分尺的结构如图8-5 所示。

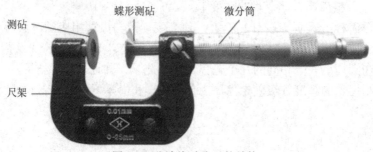

图8-5 公法线千分尺的结构

公法线千分尺的分度值为 0.01 mm，测量范围根据被测齿轮的参数进行选择。

2．测量原理

公法线千分尺测量渐开线公法线长度的方法如图 8-6 所示。测量时要求量具的两平行测量面与被测齿轮的异侧齿面在分度圆附近相切(因为这个部位的齿廓曲线一般比较正确)。

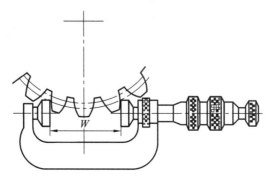

图 8-6　公法线长度测量方法

公法线变动量 E_{bn} 是指在齿轮旋转一周范围内，实际公法线长度最大值与最小值之差，如图 8-7 所示。

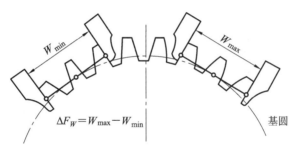

图 8-7　测量公法线长度变动量 ΔF_W 示意图

3．实施步骤

(1) 根据齿轮的 α、m、z、x 值，用公式或查表确定跨齿数 k 及公法线公称长度 W_k。当测量压力角为 20°的非变位直齿圆柱齿轮时：

$$W_k = m[1.476(2k-1) + 0.014z]$$

式中，m——模数；

$\quad\quad z$——齿数；

$\quad\quad k$——跨齿数，$k = z/9 + 0.5$(取整数)或按表 8-3 选取。

表 8-3　跨齿数 k 值的选取

齿数 z	10～18	19～27	28～36	37～45	…
跨齿数 k	2	3	4	5	…

(2) 根据公法线公称长度 W_k 选取适当规格的公法线千分尺并校对零位。

(3) 根据选定的跨齿数 k，用公法线千分尺测量沿被测齿轮圆周均布的 5 条公法线长度。

(4) 根据测得的实际公法线长度 W_i，从其中找出 W_{max} 和 W_{min}，确定公法线变动量 ΔF_W。

(5) 根据齿轮的技术要求，查出公法线长度变动公差 F_W，按 $\Delta F_W \leqslant F_W$ 判断合格性。

练 习 题

一、填空题

1. 对齿轮传动的要求主要有_____、_____、_____、_____几个方面。其中，千分表中的齿轮主要在_____方面有严格要求，减速器中的传动齿轮在_____、_____方面有严格要求。

2. 国标将单个齿轮的精度等级规定为_____级，其中6、7、8属于_____等级。

3. 单个齿轮的齿厚公差是为了达到控制_____的目的。

二、问答题

1. 齿轮传动的使用有哪些要求？影响这些使用要求的主要偏差有哪些？

2. 检验齿轮的齿厚偏差有何作用？

3. 使用齿厚游标卡尺要注意哪些事项？

任务二　用齿轮径向跳动检查仪检测齿轮的径向跳动

▶▶▶ 任务概述

观察图 8-1 渐开线直齿圆柱齿轮零件的结构和加工情况，分析零件图上标注的齿轮参数和齿轮的精度等级，用齿轮径向跳动检查仪检测齿轮的径向跳动，并判断零件是否合格。

▶▶▶ 任务目标

1. 知识目标

(1) 了解齿圈径向跳动产生的原因。

(2) 熟悉齿轮径向跳动检查仪的结构和使用方法。

2. 技能目标

会用齿轮径向跳动检查仪检测齿圈的径向跳动。

▶▶▶ 测量器材准备

本任务所用的齿轮径向跳动检查仪如图 8-8 所示。

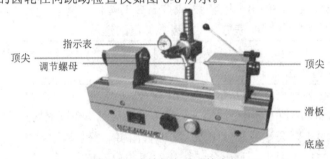

图 8-8　齿轮径向跳动检查仪

▶▶▶ 知识链接

齿轮完工后，若轮齿的实际分度圆与理想的分度圆的中心不重合，产生了径向偏移，该径向偏差会引起齿轮齿圈的径向跳动，从而影响齿轮传递运动的准确性。通常可以用齿轮径向跳动检查仪测量齿轮的径向跳动。

1. 齿轮径向跳动检查仪的结构

齿轮径向跳动检查仪的结构如图 8-8 所示。它主要由底座、滑板、顶尖、调节螺母、回转盘和指示表等组成。指示表的分度值为 0.001 mm。齿轮径向跳动检查仪可测量模数为 0.3～5 mm 的齿轮。

2. 齿轮径向跳动检查仪的测量原理

齿轮齿圈径向跳动 F_r 是指被测齿轮转一周范围内，测量头在齿槽内位于齿高中部与左右齿面接触，测量头相对于齿轮轴线的最大变动量。

测量时，将被测齿轮装在两顶尖之间，将球形测量头(或锥形测量头)逐齿放入齿槽并沿齿圈测量一周，记下每次的指示表读数，指示表的最大读数与最小读数之差即为齿圈径向跳动 F_r，测量原理如图 8-9 所示。齿圈径向跳动应小于规定的允许值。

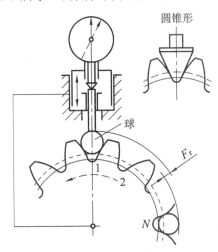

图 8-9 径向跳动测量原理

为了测量不同模数的齿轮，仪器附有一套不同直径的球形测量头。为使测量头球面在被测齿轮的分度圆附近与齿面接触，球形测量头的直径 d 通常按 $d = 1.68m$ 选取，其中 m 是被测齿轮的模数。

▶▶▶ 任务实施

一、检测零件

(1) 根据被测齿轮的模数，选择合适的球形测量头装入指示表测量杆的下端。

(2) 将被测齿轮和心轴装在仪器的两顶尖上紧固。

(3) 调整滑板位置，使指示表测量头位于齿宽的中部。借助于升降调节螺母和提升手柄，使测量头位于齿槽内与其双面接触。

(4) 调整指示表，使指示表的指针压缩 1～2 圈；转动指示表的表盘，使指针对准零位，将指示表架背后的紧固旋钮锁紧。

(5) 逐齿测量一周，记下每一齿的指示表读数。每测一齿，要将指示表测量头提离齿面，以免撞坏测量头。

(6) 在所有读数中找出最大读数和最小读数，它们的差值即为齿圈径向跳动 F_r。将径向跳动 F_r 与其公差比较，给出合格性结论。

提示：测量时，每次读数前应稍微摆动齿轮，使测量头球面的最高点和指示表测量头接触，读取每一个最大值。

二、检测数据及评定

按要求进行检测并填写下表：

测量项目	齿轮径向跳动						
器具名称	齿轮径向跳动检查仪	分度值			测量范围		
齿轮参数	基本参数			精度		径向跳动公差	
测量结果							
序号	读数	序号	读数	序号	读数	序号	读数
1		7		13		19	
2		8		14		20	
3		9		15		21	
4		10		16		22	
5		11		17		23	
6		12		18		24	
齿圈径向跳动 F_r							
合格性判断							

▶▶▶ 知识拓展

用齿轮周节检查仪检测齿距偏差、齿距累积误差

1. 齿轮周节检查仪的结构

齿轮周节检查仪是以相对法测量齿轮单个齿距偏差和齿距累积误差的常用量仪，其测量定位基准是齿顶圆。齿轮周节检查仪的结构如图 8-10 所示，被测齿轮模数范围为 2～15 mm，量仪指示表的分度值是 0.001 mm。

图 8-10 齿轮周节检查仪的结构

2. 测量原理

齿距偏差 f_{pt} 是指在分度圆上，实际齿距与公称齿距之差。f_{pt} 在采用相对法测量时，取所有实际齿距的平均值为公称齿距。齿距累积误差 F_{pk} 是指在分度圆上，任意 k 个同侧齿面间的齿距偏差的最大差值，即最大齿距累积偏差与最小齿距累积偏差的代数差。

齿轮周节检查仪测量原理如图 8-11 所示。测量时以被测齿轮的齿顶圆定位。

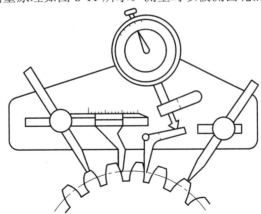

图 8-11 齿轮周节检查仪测量原理示意图

3. 测量方法及步骤

(1) 调整固定量爪工作位置。按被测齿轮模数的大小移动固定量爪，使固定量爪上的刻线与量仪上相应模数刻线对齐，并用螺钉固定。

(2) 调整定位杆的工作位置。调整定位支脚，使其与齿顶圆接触，并使测量头位于分度圆(或齿高中部)附近，然后固定各定位杆。

(3) 测量时，以被测齿轮上任意一个齿距作为基准齿距进行测量，观察指示表数值；然后将量仪测量头稍微移开齿轮，再使它们重新接触；经数次反复测量，待示值稳定后，调整指示表使指针对准零位。以此实际齿距作为测量基准，对齿轮逐齿进行测量，量出各实际齿距对测量基准的偏差，将测得的数据逐一记录。

(4) 检测数据及评定方法。以齿数 $z = 10$ 的齿轮为例，具体计算方法及数据处理方法见表 8-4。

表 8-4　齿距累积误差与齿距偏差测量的数据处理　　　　　μm

齿距序号	相对齿距偏差(测量获得的读数值)	读数值累加	齿距偏差 f_{pt}	齿距累积误差 F_{pk}
1	0	0	−0.5	−0.5
2	+3	+3	+2.5	+2
3	+2	+5	+1.5	+3.5
4	+1	+6	+0.5	+4
5	−1	+5	−1.5	+2.5
6	−2	+3	−2.5	0
7	−4	-1	−4.5	−4.5
8	+2	+1	−1.5	−6
9	0	+1	−1.5	−7.5
10	+4	+5	+3.5	+4

(1) 相对齿距偏差修正值 $k = -(z$ 个齿距读数累加值$/z) = -5/10 = -0.5 (\mu m)$；

(2) 各序号内的齿距偏差分别为该序号内的读数值加上 k 值所得；

(3) 测量结果：

　　$f_{pt} = -4.5\ \mu m$(取各齿齿距偏差中绝对值最大者)

　　$F_{pk} = (+4) - (-7.5) = 11.5\ \mu m$(全部累积值中取其最大差值)

练 习 题

一、填空题

1. 齿轮径向跳动过大会影响齿轮传动的_____。齿距偏差过大会影响齿轮传动的_____。

2. 查得某被测齿轮的 F_p 的公差值是 0.038 mm，F_r 的公差值是 0.03 mm，在实际测量中，检验结果为 $F_p = 0.038$ mm，$F_r = 0.025$ mm，则该齿轮_____满足传动运动准确性的精度要求。

二、问答题

1. 什么是齿轮径向跳动？

2. 试述齿轮径向跳动检查仪的结构和功能。

3. 使用齿轮径向跳动检查仪时，球形测量头直径如何选择？

项目九　三坐标测量机的应用

三坐标测量机是一种高效的精密测量仪器,它是根据绝对测量法,采用触发式或扫描式等形式的传感器随 X、Y、Z 三个互相垂直的导轨相对移动和转动,获得被测物体上各测点的坐标位置,再经数据处理系统,显示被测物体的几何尺寸、形状和位置误差的综合量仪。三坐标测量机可以准确、快速地测量标准几何元素(如线、平面、圆、圆柱等)及确定中心和几何尺寸的相对位置,特别适合于测量复杂的箱体类零件、模具、精密铸件、汽车外壳、发动机零件、凸轮以及飞机形体等带有空间曲面的工件。本项目以发动机缸体(图 9-1)为例,在了解三坐标机的结构和使用方法后,学习如何使用三坐标机。

任务一　销孔的检测

▶▶▶ 任务概述

对于批量生产的发动机气缸(图 9-1),现需要检测零件上两个定位销孔,评定两销孔的直径是否满足 ϕ10H8 的尺寸要求,两销孔中心的距离是否符合 54±0.05 的尺寸要求。

图 9-1　发动机缸体

▶▶▶ 任务目标

1. 知识目标

(1) 了解三坐标测量机的结构和维护保养要求。

(2) 熟悉三坐标测量机的使用方法。

2. 技能目标

初步掌握三坐标测量机的操作方法和测量步骤。

▶▶▶ 测量器具准备

本任务所用的测量器具为三坐标测量机。

▶▶▶ 知识链接

一、三坐标测量机的结构

三坐标测量机是一个复杂的测量仪器，它主要由四部分组成：主机机械系统(X、Y、Z三轴或其他)、测量头系统、电气控制硬件系统、数据处理软件系统(测量软件)。其具体结构见图9-2。

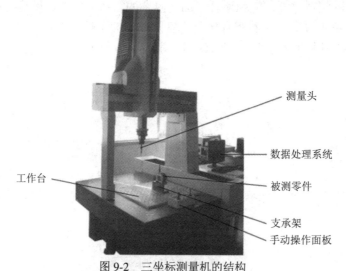

图9-2　三坐标测量机的结构

二、三坐标测量机的维护

三坐标测量机是一种高精密的测量仪器，为确保量仪的测量精度，延长其使用寿命，降低故障率，操作人员必须掌握以下维护保养常识。

1. 日常维护

(1) 三坐标测量机对环境要求比较严格，应按要求严格控制温度及湿度。若三坐标测量机长时间没有使用，在开机前应打开电控柜，保持通风，使电路板得到充分的干燥，以免电控系统由于受潮后突然通电而损坏；然后检查气源压力、电源电压是否正常。

(2) 三坐标测量机使用的是气浮轴承结构，理论上是永不磨损的，但如果气源不干净，有油、水或杂质，就会造成气体阻塞，严重时会造成气浮轴承和气浮导轨划伤，后果严重。所以，每天要检查量仪的气源，及时放水、放油；定期清洗过滤器及油水分离器。

(3) 三坐标测量机的导轨加工精度很高，与气浮轴承的间隙很小，如果导轨上面有灰尘或其他杂质，就容易造成气浮轴承和导轨划伤。所以，每次开机前应清洁量仪的导轨。金属导轨用航空汽油擦拭(120、180号汽油)，花岗岩导轨用无水乙醇擦拭。

(4) 在保养过程中，不能在导轨上加注任何性质的油脂。

(5) 按要求定期给光杆、丝杆、齿条加注润滑油。

2．使用维护

(1) 被测零件在检测之前，应先去毛刺，并清洗干净，以防零件表面残留的冷却液及杂物的存在而影响测量机的测量精度及测量头的使用寿命。

(2) 被测零件在测量之前，应在室内恒温放置一定时间，因为如果温度相差过大就会影响测量精度。

(3) 大型及重型零件应轻轻地放置到工作台上，避免因剧烈碰撞，致使工作台或零件损伤。必要时可以在工作台上放置一块厚橡胶，以防止碰撞。

(4) 在工作过程中，测座在转动时(特别是带有加长杆的情况下)一定要远离零件，以避免碰撞。

3．使用后注意事项

(1) 工作结束后将量仪总气源关闭。

(2) 将 Z 轴移动到下方，但应避免测头撞到工作台。

(3) 检查导轨，如有水印，请及时检查过滤器。

(4) 工作完成后要清洁工作台面。

▶▶▶ 任务实施

一、测量准备工作

(1) 打开气泵，调定压缩空气的压力。

(2) 打开计算机，将测量机上锁定的按钮向上扳到非锁定位置，在 X、Y、Z 三个方向移动测量仪，使其归于绝对坐标零点。

(3) 启动测量软件，进行初始化，如图 9-3 所示为操作系统界面。

(4) 将缸体零件清理干净。

图 9-3　操作系统界面

二、检测零件

(1) 安放缸体。利用夹具将缸体放正在工作台上并固定，这样就保证了被测销孔的中心与工作台平行，缸体的某一平面与 Y 方向平面平行，如图 9-4 所示。

(2) 根据零件的测量要求，选择测量项目。

(3) 确定测量基准平面。如图 9-5 所示，通过手动操作面板(或键盘)，移动测量头，让测量头接触平面，并选择平面上的四点来设定基准平面。基准平面设定完成后的界面如图 9-6 所示。

图 9-4　缸体装夹状态

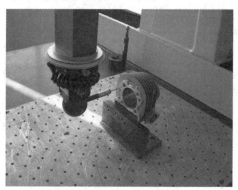

图 9-5　确定基准平面

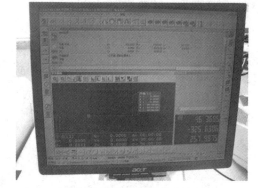

图 9-6　基准平面设定完成界面

(4) 根据测量项目确定测量点，对零件进行测量，如图 9-7 所示。

(a) 测量右下角定位销孔

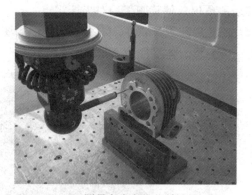

(b) 测量左上角定位销孔

图 9-7　测量零件

① 让测量头进入右下角定位销孔内，缓慢操作 Y 方向摇杆，使测量头沿 Y 方向移动，直至接触销孔内表面，机器发出鸣叫声，自动将所探求的点的三维坐标存入计算机系统内部。

② 缓慢操作 Y 方向摇杆，使测量头反方向移动，直至接触销孔内表面，机器发出鸣叫声，自动将所探求的点的三维坐标存入计算机系统内部。

③ 使测量头沿 Y 方向退回，再让测量头在 Z 方向上移动，选择销孔上、下两点采集数据。

④ 让测量头进入左上角销孔内部，同样采集四点数据。

⑤ 在计算机中调出测量参数的相关模块，点击该功能，显示测量参数值，如图 9-8 所示。

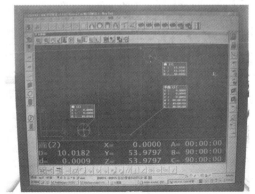

图 9-8 测量结果显示

(5) 记录测量结果并评定零件合格性。图 9-8 所示的测量结果表明，两定位销孔的直径分别是 ϕ10.0161 mm 和 ϕ10.0182 mm，两孔之间距离 Y = 53.9797 mm，Z = 53.9797 mm，零件合格。

(6) 关闭测量软件，将测量仪回复到初始的位置并锁定，最后关闭计算机。

任务二 底座的综合检测

三、检测数据及评定

按要求进行检测并填写下表：

器具名称	三坐标测量机				
零件要求					
测量件数	测量结果				
	定位销 1 直径	定位销 2 直径	Y 距离	Z 距离	合格性评定
1					
2					
3					
4					
5					
6					

▶▶▶ 任务概述

图 9-9 所示底座零件图是江苏省职业院校技能大赛数控铣加工技术赛项的训练图样。作为装配件中的基础件，有较多的尺寸精度要求。工件在加工完成后，需要检测所有的尺寸公差和形位公差项目，以判定工件的质量。

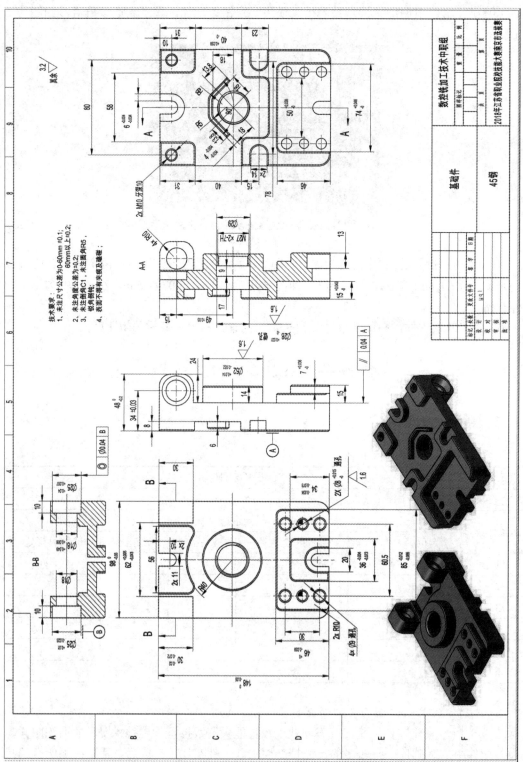

图9-9 底座零件图

▶▶▶ **任务目标**

1．知识目标

熟悉三坐标测量机的使用方法。

2．技能目标

会操作三坐标测量机进行尺寸测量。

▶▶▶ **测量器具准备**

本任务所用的测量器具为三坐标测量机。

▶▶▶ **任务实施**

工件需要检测的项目较多，且要批量检测，所以采用三坐标测量机自动检测是最合适的方式。下面用海克斯康三坐标测量机对底座工件进行检测。

一、测量前的准备工作

(1) 检查工作台面是否整洁，尤其是三坐标导轨上不能有杂物；用无纺布蘸酒精清洁导轨、台面，注意不要擦拭光栅尺。

(2) 打开气泵，调定压缩空气的压力。

(3) 打开计算机，将三坐标测量机上锁定的按钮向上扳到非锁定位置，在 X、Y、Z 三个方向移动测量仪，使其归于绝对坐标零点。

(4) 启动测量软件，进行初始化。

(5) 将工件清理干净。

二、检测工件

(1) 选择合适的测量头，进行测量头校正。

(2) 分析零件图，确定工件装夹位置。

为便于一次装夹能检测更多的项目，以及考虑到孔径 $\phi 25^{+0.01}_{-0.023}$ 和孔径 $\phi 25^{+0.049}_{+0.007}$ 的测量，采用图 9-10 所示的方式放置工件。

图 9-10　安放工件

(3) 建立坐标系。

① 通过手动采集 $\phi 52$ 圆柱面和顶面、底座长 148 侧面的一直线的一组数据，建立检测的坐标系，如图 9-11 所示。

图 9-11　建立坐标系

② 设置安全平面参数。

③ 插入 DCC 模式，让测量头再次检测上述三个要素，建立三坐标测量机自动检测坐标系。图 9-12 所示为检测记录的特征参数。

圆 1⋯⋯⋯=特征/圆，直角坐标,外,最小二乘方↵

⋯⋯⋯⋯⋯理论值/<183.329,256.876,-598.592>,<0,0,1>,51.999,0↵

⋯⋯⋯⋯⋯实际值/<183.804,244.851,-598.999>,<0,0,1>,52.003,0↵

⋯⋯⋯⋯⋯测定/圆,4,工作平面↵

⋯⋯⋯⋯⋯触测/基本,常规,<162.593,241.173,-598.617>,<-0.8022134,-0.5970373,0>,<194.748,268.437,-598.997>,使用理论值=是↵

⋯⋯⋯⋯⋯移动/圆弧↵

⋯⋯⋯⋯⋯触测/基本,常规,<187.463,231.193,-598.836>,<0.1530099,-0.9882247,0>,<209.759,243.301,-598.997>,使用理论值=是↵

⋯⋯⋯⋯⋯移动/圆弧↵

⋯⋯⋯⋯⋯触测/基本,常规,<202.802,239.09,-598.202>,<0.7394081,-0.6732575,0>,<199.743,224.309,-598.998>,使用理论值=是↵

⋯⋯⋯⋯⋯移动/圆弧↵

⋯⋯⋯⋯⋯触测/基本,常规,<203.042,273.83,-598.705>,<0.7526989,0.658365,0>,<181.969,218.914,-599.004>,使用理论值=是↵

⋯⋯⋯⋯⋯终止测量/↵

直线 1⋯⋯⋯=特征/直线，直角坐标,非定界↵

⋯⋯⋯⋯⋯理论值/<240.967,207.431,-615.817>,<-0.9999712,0,0.0075886,0>↵

⋯⋯⋯⋯⋯实际值/<242.789,196.531,-613.588>,<-0.999931,-0.0117488,0>↵

⋯⋯⋯⋯⋯测定/直线,2,工作平面↵

⋯⋯⋯⋯⋯触测/基本,常规,<240.82,207.425,-615.817>,<-0.0075886,-0.9999712,0>,<242.789,196.531,-613.588>,使用理论值=是↵

⋯⋯⋯⋯⋯触测/基本,常规,<162.633,208.025,-615.819>,<-0.0075886,-0.9999712,0>,<159.988,195.558,-613.588>,使用理论值=是↵

⋯⋯⋯⋯⋯终止测量/↵

平面 1⋯⋯⋯=特征/平面，直角坐标,三角形↵

⋯⋯⋯⋯⋯理论值/<182.702,253.124,-594.235>,<-0.0000246,-0.0001791,1>↵

⋯⋯⋯⋯⋯实际值/<182.211,242.323,-594.236>,<0.0000247,-0.000015,1>↵

⋯⋯⋯⋯⋯测定/平面,3↵

⋯⋯⋯⋯⋯触测/基本,常规,<167.083,242.886,-594.237>,<-0.0000247,-0.0001796,1>,<180.632,225.156,-594.236>,使用理论值=是↵

⋯⋯⋯⋯⋯触测/基本,常规,<197.539,242.886,-594.236>,<-0.0000247,-0.0001796,1>,<164.42,248.462,-594.235>,使用理论值=是↵

⋯⋯⋯⋯⋯触测/基本,常规,<183.489,273.599,-594.231>,<-0.0000247,-0.0001796,1>,<201.581,253.351,-594.236>,使用理论值=是↵

⋯⋯⋯⋯⋯终止测量/↵

A1········=坐标系/开始,回调:启动,列表=是↵
········建坐标系/平移,X 轴,圆 1↵
········建坐标系/平移,Y 轴,圆 1↵
········建坐标系/旋转,X·正,至,直线 1,关于,Z·正↵
········建坐标系/找平,Z·正,平面 1↵
········建坐标系/平移,Z·轴,平面 1↵
········坐标系/终止↵
········安全平面/Z·正,50,Z·正,50,开↵
········移动/安全平面↵
········模式/DCC↵
圆 2·······=特征/圆,直角坐标,外,最小二乘方↵
········理论值/<0.014,0.106,-6.121>,<0,0,1>,52.0↵
········实际值/<-0.028,0.011,-6.121>,<0,0,1>,51.998.0↵
········测定/圆,4,工作平面↵
········移动/安全平面↵
········触测/基本,常规,<15.47,21.353,-7.021>,<0.5927997,0.8053499,0>,<15.253,21.045,-7.021>,使用理论值=是↵
········移动/圆弧↵
········触测/基本,常规,<-19.526,17.952,-7.008>,<-0.7348222,0.6782597,0>,<-19.172,17.603,-7.014>,使用理论值=是↵
········移动/圆弧↵
········触测/基本,常规,<-19.003,-18.26,-5.822>,<-0.713087,-0.7010755,0>,<-18.744,-18.034,-5.821>,使用理论值=是↵
········移动/圆弧↵
········触测/基本,常规,<19.185,-17.571,-4.628>,<0.7379517,-0.6748535,0>,<19.154,-17.539,-4.627>,使用理论值=是↵
········终止测量/↵
直线 2·······=特征/直线,直角坐标,非定界↵
········理论值/<-64.621,49.114,-21.986>,<1,0.0000612,0>↵
········实际值/<-64.618,49.02,-21.986>,<1,0.0000287,0>↵
········测定/直线,2,工作平面↵
········移动/安全平面↵
········触测/基本,常规,<-64.607,49.114,-21.985>,<-0.0000612,1,0>,<-64.618,49.02,-21.988>,使用理论值=是↵
········触测/基本,常规,<30.212,49.12,-21.984>,<-0.0000612,1,0>,<30.211,49.023,-21.984>,使用理论值=是↵
········终止测量/↵
平面 2·······=特征/平面,直角坐标,三角形↵
········理论值/<2.357,1.051,0>,<-0.0000721,-0.0000937,1>↵
········实际值/<2.357,1.051,0.001>,<-0.000019,0.0001199,1>↵
········测定/平面,3,工作平面↵
········移动/安全平面↵
········触测/基本,常规,<1.586,22.521,0.002>,<-0.0000721,-0.0000937,1>,<1.585,22.52,-0.001>,使用理论值=是↵
········触测/基本,常规,<-14.125,-11.642,-0.002>,<-0.0000721,-0.0000937,1>,<-14.125,-11.642,0.002>,使用理论值=是↵
········触测/基本,常规,<19.611,-7.725,0>,<-0.0000721,-0.0000937,1>,<19.61,-7.723,0.003>,使用理论值=是↵
········终止测量/↵

图 9-12　坐标系特征参数

(4) 采用手动或编程方式检测工件各尺寸。分别检测尺寸 $\phi 52^{+0.014}_{-0.032}$、$30^{-0.020}_{-0.072}$、$148^{0}_{-0.050}$、$34^{-0.034}_{-0.073}$、$46^{0}_{-0.039}$、$36^{-0.034}_{-0.073}$、$85^{-0.012}_{-0.066}$、$98^{0}_{-0.050}$、$\phi 25^{+0.01}_{-0.023}$、$\phi 25^{+0.049}_{+0.007}$。图 9-13 为手动检测圆柱直径 $\phi 52^{+0.014}_{-0.032}$ 的检测结果。

圆 3·······=特征/圆,直角坐标,外,最小二乘方↵
········理论值/<0.006,-0.001,-5.521>,<0,0,1>,51.997,0↵
········实际值/<0.004,0,-5.516>,<0,0,1>,51.996,0↵
········测定/圆,4,工作平面↵
········移动/安全平面↵
········触测/基本,常规,<18.416,18.957,-6.986>,<0.6973195,0.7167604,0>,<18.113,18.653,-6.988>,使用理论值=是↵
········移动/圆弧↵
········触测/基本,常规,<-17.139,19.727,-5.437>,<-0.6572176,0.7537008,0>,<-17.057,19.616,-5.435>,使用理论值=是↵
········移动/圆弧↵
········触测/基本,常规,<-21.633,-14.838,-5.527>,<-0.8260011,-0.5636684,0>,<-21.435,-14.706,-5.521>,使用理论值=是↵
········移动/圆弧↵
········触测/基本,常规,<23.067,-12.493,-4.126>,<0.8773617,-0.4798296,0>,<22.86,-12.389,-4.122>,使用理论值=是↵
········终止测量/↵
DIM 位置 1=圆 的位置圆 3 单位:毫米 ,$↵
图示=关 文本=关 乘数=10.00 输出=两者↵

轴	标称值	正公差	负公差	测定	偏差	超差
直径	51.997	0.014	-0.032	51.996	-0.001	0.000------#--↵

图 9-13　检测结果

(5) 翻转工件，重新安放工件，建立新的坐标系，检测工件其余尺寸。

(6) 打印检测输出报告，进行评定，如图 9-14 所示。

pc•dmis			修订号：		序列号：			统计计数：	1
申	毫米	位置1 - 圆3							
轴	标称值	正公差	负公差	测定	偏差	超差			
D	51.997	0.014	-0.032	51.996	-0.001	0.000			
←→	毫米	距离1 - 平面3 至 平面4							
轴	标称值	正公差	负公差	测定	偏差	超差			
M	30.000	-0.020	-0.072	30.030	0.030	0.050			
←→	毫米	距离3 - 平面3 至 平面5							
轴	标称值	正公差	负公差	测定	偏差	超差			
M	148.000	0.000	-0.050	147.961	-0.039	0.000			
←→	毫米	距离2 - 平面5 至 平面6							
轴	标称值	正公差	负公差	测定	偏差	超差			
M	34.000	-0.034	-0.073	33.780	-0.220	-0.147			
←→	毫米	距离4 - 平面5 至 平面7							
轴	标称值	正公差	负公差	测定	偏差	超差			
M	46.000	0.000	-0.039	45.803	-0.197	-0.158			
←→	毫米	距离6 - 平面8 至 平面9							
轴	标称值	正公差	负公差	测定	偏差	超差			
M	36.000	-0.034	-0.073	35.944	-0.056	0.000			
←→	毫米	距离7 - 平面10 至 平面11							
轴	标称值	正公差	负公差	测定	偏差	超差			
M	85.000	-0.012	-0.066	84.975	-0.025	0.000			
←→	毫米	距离5 - 平面12 至 平面13							
轴	标称值	正公差	负公差	测定	偏差	超差			
M	98.000	0.000	-0.050	97.984	-0.016	0.000			

图 9-14 检测报告示例

(7) 检测批量化工件。放置工件，重复手动创建坐标系，让三坐标测量机自动运行，进行重复测量。

(8) 关闭测量软件，将三坐标测量机回复到初始的位置并锁定，最后关闭计算机。

(9) 做好三坐标测量机的清洁与维护。

思考：

1. 测量平面时，采集测量点要注意什么？

2. 测量圆时，采集测量点要注意什么？

3. 测量圆柱时，采集测量点要注意什么？

练 习 题

一、填空题

1. 三坐标测量机采用的测量方法是_____ 。

2. 三坐标测量机主要由_____、_____、_____、_____四部分组成。

二、判断题

1. 用三坐标测量机测量任何零件时，被测零件在测量室宜待半小时之后再进行测量。

（　　）

2. 用三坐标测量机测量零件时，应先标定测量头，后确定测量平面。　　（　　）

3. 测量定位销孔径时采用了直接测量法，测量销孔距离时采用了间接测量法。

（　　）

4 气源设备中空气过滤器要定时放水，以保证压缩空气的质量。　　　（　　）

5. 可用防锈油擦拭来维护三坐标测量机的导轨。　　　　　　　　　（　　）

三、问答题

三坐标机在使用和维护上应注意什么？

参 考 文 献

[1] 黄云清. 公差配合与测量技术[M]. 3 版. 北京：机械工业出版社，2012.

[2] 张彩霞，赵正文. 图解机械测量入门[M]. 北京：化学工业出版社，2011.

[3] 梅荣娣. 公差配合与技术测量[M]. 2 版. 河南：大象出版社，2012.

[4] 邬建忠. 机械制造技术：测量技术基础与训练[M]. 北京：高等教育出版社，2007.

[5] 全国产品尺寸和几何技术规范标准化技术委员会. GB/T 1800.1—2009 产品几何技术规范(GPS)极限与配合[S]. 北京：中国标准出版社，2009.

[6] 全国产品尺寸和几何技术规范标准化技术委员会. GB/T 4249—2009 产品几何技术规范(GPS)公差原则[S]. 北京：中国标准出版社，2009.

高等职业教育机电类专业"十三五"规划教材

《机械测量技术》
测 量 报 告

西安电子科技大学出版社

目　　录

项目一　台阶轴的检测

任务一　认识机械测量技术

班级＿＿＿＿＿＿　姓名＿＿＿＿＿＿　组号＿＿＿＿＿＿　日期＿＿＿＿＿＿

▶▶▶ 任务目标

(1) 了解互换性和公差的概念。

(2) 了解测量技术对控制产品质量的影响。

(3) 理解测量的过程和常见的测量方法。

(4) 了解测量器具的种类，熟悉测量器具的技术指标。

▶▶▶ 知识储备

一、测量基础知识

(1) 互换性及其意义是什么？

(2) 检测的目的是什么？

(3) 测量及测量的四要素是什么？

(4) 常用的测量方法有哪些？

二、常用量具

(1) 列出常见的计量器具和用途。

(2) 列出常用的轴径测量器具。

▶▶▶ 认识报告

任务一　认识机械测量技术

任务名称	认识机械测量技术
任务内容	(1) 认识各测量器具，了解其用途。 (2) 了解轴径和孔径的测量量具。
参观分析报告	

▶▶▶ 思考

(1) 参观实训工厂时，看到了哪些安全警示标记？

(2) 说说你对安全实训、安全生产的看法。

▶▶▶ 总结与反思

▶▶▶ 任务评价

小组评价_____ 教师评价_____ 总评_____

任务二　用游标卡尺检测台阶轴

班级_____　　　　姓名_____　　　　组号_____　　　　日期_____

▶▶▶ 任务目标

(1) 掌握尺寸与公差的相关概念。

(2) 通过游标卡尺理解测量器具的主要技术指标。

(3) 掌握游标卡尺刻线原理、读数方法。

(4) 掌握游标卡尺的使用方法。

(5) 能正确使用游标卡尺测量零件的外径、长度。

▶▶▶ 知识储备

一、认识游标卡尺

写出下面游标卡尺各部分的名称。

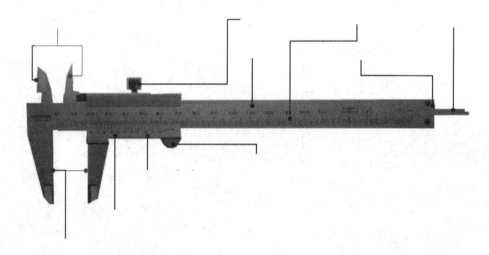

二、游标卡尺的刻度原理和读数方法

(1) 简述分度值为 0.02 mm 游标卡尺的读数原理。

(2) 简述分度值为 0.05 mm 游标卡尺的读数原理。

(3) 简述分度值为 0.10 mm 游标卡尺的读数方法。

三、游标卡尺的使用

在使用游标卡尺时，思考：

(1) 主尺上的最小单位是多少？

(2) 游标卡尺刻度的总长是多少？每个小格是多长？

(3) 本任务所用游标卡尺的精度是多少？这样的游标卡尺怎么读数？

▶▶▶ 检测报告

任务二　用游标卡尺检测台阶轴

检测项目	台阶轴的尺寸				
量具名称	游标卡尺		分度值		
零件	(零件图)				
被测量尺寸	测量记录				
	截面 1		截面 2		平均值
	I-I	II-II	I-I	II-II	
测量结果	合格性判断				
	判断理由				

►►► 思考

(1) 测量零件外径、内径、深度时，为减少测量误差，使用游标卡尺时要注意哪些事项？

(2) 如何维护和保养游标卡尺？

►►► 总结与反思

►►► 任务评价

小组评价_____   教师评价_____   总评_____

任务三　用千分尺检测台阶轴

班级_____　　姓名_____　　组号_____　　日期_____

▶▶▶ 任务目标

(1) 熟悉千分尺的结构和使用方法。

(2) 会准确读取千分尺的数值。

(3) 会熟练使用千分尺检测尺寸。

▶▶▶ 知识储备

一、认识千分尺

(1) 填写下面外径千分尺各部分结构的名称。

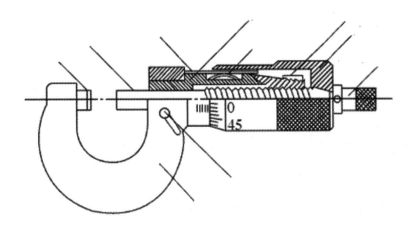

(2) 简述千分尺的读数原理。

二、千分尺的使用

(1) 写出图示千分尺表示的读数值。

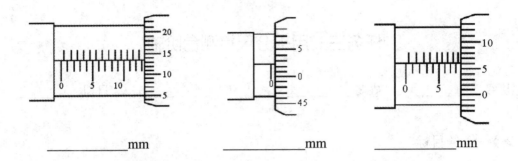

_____ mm   _____ mm   _____ mm

(2) 简述外径千分尺零校准的操作要点。

▶▶▶ 检测报告

任务三　用千分尺检测台阶轴

检测项目	台阶轴的尺寸				
量具名称	外径千分尺		分度值		
零件	(零件图)				
被测尺寸	测量记录				
	截面1		截面2		平均值
	I-I	II-II	I-I	II-II	
测量结果	合格性判断				
	判断理由				

▶▶▶思考

(1) 外径千分尺的维护要点有哪些？

(2) 内径千分尺如何读数？

▶▶▶ 总结与反思

▶▶▶ 任务评价

小组评价_____   教师评价_____   总评_____

项目二　偏心轴的检测

任务一　用千分尺检测轴径

班级_____　　姓名_____　　组号_____　　日期_____

▶▶▶ **任务目标**

(1) 理解标准公差、基本偏差。

(2) 会查标准公差、基本偏差数值表。

(3) 掌握图样上公差带代号标注的含义。

(4) 能熟练使用千分尺测量轴的轴径。

▶▶▶ **知识储备**

一、尺寸公差

(1) 什么是标准公差？标准中规定的公差等级有多少级？

(2) 什么是基本偏差？试说明基本偏差代号为 F、G、k、n 的基本偏差各是什么？

(3) 说明下面公差带代号的含义。

① $\phi 50h7$　② $\phi 80H8$　③ $\phi 25n6$　④ $\phi 100js6$

(4) 查公差数值表和基本偏差表，计算下面的极限偏差。

① $\phi 50h7$ ② $\phi 80H8$ ③ $\phi 25n6$

二、千分尺的使用

(1) 简述千分尺的读数原理。

(2) 简述千分尺的读数方法。

▶▶▶ 检测报告

任务一 用千分尺检测轴径

检测项目	轴径				
量具名称	千分尺		分度值		
零件	(零件图)				
被测量尺寸	测量记录				
	截面 1		截面 2		平均值
	I-I	II-II	I-I	II-II	
测量结果	合格性判断				
	判断理由				

(1) 公差与偏差有何区别和联系?

(2) 下面三根轴哪根精度最高?哪根精度最低?

① $\phi 70^{+0.105}_{+0.075}$ ② $\phi 250^{-0.015}_{-0.044}$ ③ $\phi 10^{0}_{-0.022}$

►►► 总结与反思

►►► 任务评价

小组评价_____   教师评价_____   总评_____

任务二 用百分表检测偏心距

班级_____   姓名_____   组号_____   日期_____

►►► 任务目标

(1) 了解百分表的结构、工作原理。
(2) 掌握百分表的读数和使用方法。
(3) 会正确使用百分表检测偏心距。

►►► 知识储备

一、百分表的结构

(1) 百分表的用途是什么？

(2) 简述百分表的工作原理。

(3) 简述百分表的刻线原理。

二、百分表的使用

(1) 对百分表的检查。
① 检查外观。

② 检查灵敏性。

③ 检查稳定性。

(2) 简述百分表校零的操作方法。

(3) 简述百分表的正确使用方法。

▶▶▶ **检测报告**

任务二　用百分表检测偏心距

检测项目	偏心距		
量具名称		分度值	
零件	(零件图)		
测量记录	尺寸要求	测量数据	实际偏心距
测量结果	合格性判断		
	判断理由		

▶▶▶ **思考**

(1) 百分表中游丝起着什么样的作用？

(2) 查阅资料，简述千分表的分度原理。

▶▶▶ 总结与反思

▶▶▶ 任务评价

小组评价_____　　　　教师评价_____　　　　总评_____

项目三　套类零件的检测

任务一　用内径百分表检测孔径

班级＿＿＿＿＿　　姓名＿＿＿＿＿　　组号＿＿＿＿＿　　日期＿＿＿＿＿

▶▶▶ 任务目标

(1) 了解内径百分表的结构。

(2) 掌握内径百分表的读数、使用方法。

(3) 会用内径百分表检测孔径。

▶▶▶ 知识储备

一、内径百分表的结构

(1) 内径百分表由哪些部件组成？

(2) 简述内径百分表的分度原理。

二、内径百分表的使用

(1) 简述内径百分表的校零方法。

(2) 使用内径百分表时要注意哪些事项？

▶▶▶ 检测报告

任务一　用内径百分表检测孔径

检测项目	孔径					
器具名称	内径百分表	测量范围			分度值	
零件	(零件图)					
测量部位	截面 I		截面 II		截面 III	
	A—A	*B—B*	*A—A*	*B—B*	*A—A*	*B—B*
实际偏差						
测量结果	合格性判断					
	判断理由					

▶▶▶ 思考

(1) 内径百分表的用途是什么？

(2)　下面三根轴哪根精度最高？哪根精度最低？

①　$\phi 70^{+0.105}_{+0.075}$　②　$\phi 250^{-0.015}_{-0.044}$　③　$\phi 10^{0}_{-0.022}$

►►► 总结与反思

►►► 任务评价

　　小组评价_____　　　教师评价_____　　　总评_____

任务二　用塞规检测孔径

班级_____　　姓名_____　　组号_____　　日期_____

▶▶▶ 任务目标

(1) 熟悉配合的代号、制度、类型及公差带图。

(2) 了解量规的分类及特点。

(3) 掌握量规的使用方法。

(4) 会正确使用塞规检测零件孔径。

▶▶▶ 知识储备

一、配合

(1) 识读配合代号。

① $\phi 34M6/h5$

② $\phi 30H6/h5$

(2) 画公差带图，说明配合性质，并计算配合特征值。

① $\phi 25^{+0.021}_{0}$ 孔与 $\phi 25^{-0.020}_{-0.033}$ 轴配合

② $\phi 32^{+0.025}_{0}$ 孔与 $\phi 32^{+0.042}_{+0.026}$ 轴配合

二、光滑极限量规

(1) 光滑极限量规的通规和止规分别检测工件的哪些尺寸?

(2) 光滑极限量规在使用和维护方面要注意哪些事项?

►►► 检测报告

任务二 用塞规检测孔径

检测项目	孔径				
器具名称	塞规	通规工作尺寸		止规工作尺寸	
零件	(零件图)				
被测孔径 ( )	检测记录				
	1	2		3	4
测量结果	合格性判断				
	判断理由				

▶▶▶ 思考

(1) 查阅资料，了解泰勒原则。

(2) 简述符合泰勒原则的量规的尺寸和形状要求。

▶▶▶ 总结与反思

▶▶▶ 任务评价

　　小组评价＿＿＿＿＿　　　　教师评价＿＿＿＿＿　　　　总评＿＿＿＿＿

项目四　曲轴轴承座的检测

任务一　直线度误差的检测

班级_____　　姓名_____　　组号_____　　日期_____

▶▶▶ 任务目标

(1) 理解零件的几何要素的基本概念。
(2) 掌握形位公差项目与符号。
(3) 掌握直线度公差与公差带的基本概念。
(4) 掌握刀口角尺检测轴承座的步骤及方法。
(5) 能正确使用刀口角尺检测轴承座直线度误差。

▶▶▶ 知识储备

一、零件的几何要素

填写图中零件的几何要素。

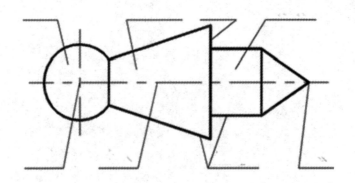

二、形位公差

(1) 填写表格中形位公差的符号。

公差		特征项目	符号	有或无基准要求	公差		特征项目	符号	有或无基准要求
形状	形状	直线度		无	位置	定向	平行度		有
		平面度		无			垂直度		有
		圆度		无			倾斜度		有
		圆柱度		无		定位	位置度		有或无
形状或位置	轮廓	线轮廓度		有或无			同轴度		有
							对称度		有
		面轮廓度		有或无		跳动	圆跳动		有
							全跳动		有

(2) 识读直线度公差代号在图样上的标注。

形状公差项目	标 注 示 例	识读	解读含义
直线度	在给定平面内的直线度 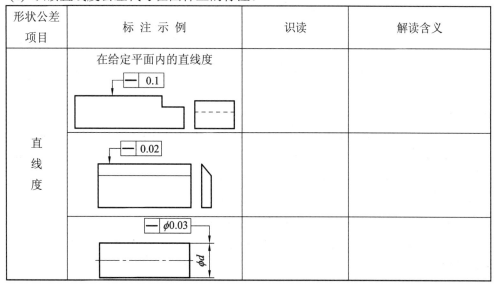		

三、用刀口直尺检测直线度误差

(1) 简述利用刀口直尺检测直线度误差的方法。

(2) 简述刀口直尺的保养方法。

任务一 直线度误差的检测

检测项目	直线度		公差	
量具名称				
零件			(零件图)	

	测量位置	测量数据	合格性判断
测量记录	1		
	2		
	3		
	4		
测量结果	合格性判断		
	判断理由		

►►► **思考**

(1) 零件直线度误差较大时会产生什么影响?

(2) 国标对平面、圆柱面制定的形状公差项目有哪些?

>>> 总结与反思

>>> 任务评价

    小组评价_____   教师评价_____   总评_____

任务二　平面度误差的检测

班级＿＿＿＿＿＿　　姓名＿＿＿＿＿＿　　组号＿＿＿＿＿＿　　日期＿＿＿＿＿＿

▶▶▶ 任务目标

(1) 掌握平面度公差与公差带的概念。

(2) 掌握百分表检测平面度误差的方法。

(3) 能正确使用百分表检测轴承座的平面度误差。

▶▶▶ 知识储备

一、平面度公差

(1) 识读平面度公差代号在图样上的标注。

形状公差项目	标 注 示 例	识读	解读含义
平面度	0.1		

二、检测零件

(1) 简述百分表使用的注意事项。

(2) 简述百分表检测平面度误差的方法。

(3) 查阅资料，简述如何用水平仪测量平面度误差和进行相应的数据处理。

▶▶▶ 检测报告

任务二　平面度误差的检测

检测项目	平面度		公差	
量具名称			分度值	
零件		(零件图)		
测量数据	最高点			最低点
测量结果	实测平面度误差			
	合格性判断			

▶▶▶ 思考

(1) 零件平面度误差较大时会产生什么影响？

(2) 平面度与直线度有何区别和联系？

▶▶▶ 总结与反思

▶▶▶ 任务评价

小组评价_____　　　教师评价_____　　　总评_____

任务三　圆度误差的检测

班级＿＿＿＿＿＿＿　　　姓名＿＿＿＿＿＿＿　　　组号＿＿＿＿＿＿＿　　　日期＿＿＿＿＿＿＿

▶▶▶ 任务目标

(1) 掌握圆度公差与公差带的概念。

(2) 掌握杠杆百分表检测圆度误差的方法。

(3) 能正确使用杠杆百分表检测轴承座的圆度误差。

▶▶▶ 知识储备

一、圆度公差

(1) 识读圆度公差代号在图样上的标注。

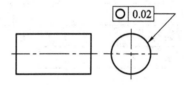

二、杠杆百分表

(1) 简述杠杆百分表的工作原理。

(2) 使用杠杆百分表时有哪些注意事项？

(3) 试述利用杠杆百分表检测圆度误差的方法及步骤。

➤➤➤ 检测报告

任务三　圆度误差的检测

<table>
<tr><td>检测项目</td><td colspan="2">圆度</td><td colspan="3"></td></tr>
<tr><td>量具名称</td><td></td><td>公差</td><td></td><td>分度值</td><td></td></tr>
<tr><td>零件</td><td colspan="5">(零件图)</td></tr>
<tr><td rowspan="2">测量数据</td><td colspan="3">最高点</td><td colspan="2">最低点</td></tr>
<tr><td colspan="3"></td><td colspan="2"></td></tr>
<tr><td rowspan="2">测量结果</td><td colspan="3">实测圆度误差</td><td colspan="2"></td></tr>
<tr><td colspan="3">合格性判断</td><td colspan="2"></td></tr>
</table>

➤➤➤ 思考

(1) 零件圆度误差较大会产生什么影响？

(2) 圆度公差与圆柱度公差在控制截面误差上有何区别？

➤➤➤ 总结与反思

➤➤➤ 任务评价

小组评价_________　　教师评价_________　　总评_________

项目五　盖板的检测

任务一　平行度误差的检测

班级＿＿＿＿＿＿　　姓名＿＿＿＿＿＿　　组号＿＿＿＿＿＿　　日期＿＿＿＿＿＿

▶▶▶ 任务目标

(1) 会正确识读图中标注的平行度公差代号。

(2) 理解平行度公差代号标注的含义。

(3) 掌握千分尺检测平行度误差的方法。

(4) 能正确使用千分尺检测盖板的平行度误差。

▶▶▶ 知识储备

一、平行度的相关概念及平行度公差代号的识读

(1) 什么是平行度公差？

(2) 什么是平行度公差带？

(3) 什么是平行度误差？

(4) 完成平行度公差代号在图样上的标注及解读。

定向公差项目	标 注 示 例	识读	解读含义
平行度	面对面的平行度 		
	线对面的平行度 		
	面对线的平行度 		
	给定一个方向线对线的平行度 		
	在任意方向上线对线的平行度 		

二、平行度误差的检测

(1) 简述利用千分尺检测平行度误差的方法。

(2) 简述利用百分表检测面对面平行度误差的方法。

➤➤➤ 检测报告

任务一 平行度误差的检测

检测项目	平行度		公差		
量具名称				分度值	
零件	(零件图)				
测量记录	读数				
	1	2	3	4	5	6
测量结果	平行度误差				
	合格性判断				

►►► 思考

如果零件平行度误差较大，会产生什么影响？

►►► 总结与反思

►►► 任务评价

小组评价＿＿＿＿　　教师评价＿＿＿＿　　总评＿＿＿＿

任务二　垂直度误差的检测

班级＿＿＿＿＿＿　　　姓名＿＿＿＿＿＿　　　组号＿＿＿＿＿＿　　　日期＿＿＿＿＿＿

▶▶▶ 任务目标

(1) 会正确识读图中标注的垂直度公差代号。
(2) 理解垂直度公差代号标注的含义。
(3) 掌握杠杆千分表检测垂直度误差的方法。
(4) 能正确使用杠杆千分表检测主轴侧板的垂直度误差。

▶▶▶ 知识储备

一、垂直度的相关概念及垂直度公差代号的识读

(1) 什么是垂直度公差？

(2) 什么是垂直度公差带？

(3) 什么是垂直度误差？

(4) 完成垂直度公差代号在图样上的标注及解读。

定向公差项目	标 注 示 例	识 读	解读含义
垂直度	面对线的垂直度 两端面 ⊥ 0.05 A φD A		
	在任意方向上线对面的垂直度 φd ⊥ φ0.05 A A		

二、垂直度的检测

叙述利用角尺、塞尺检测垂直度的方法。

任务二　垂直度误差的检测

检测项目	垂直度				
量具名称	杠杆千分表				
零件	(零件图)				
数据记录	截面1	截面2	截面3	截面4	截面5
合格性判断					

▶▶▶ 思考

如果零件垂直度误差较大，会产生什么影响？

▶▶▶ 总结与反思

▶▶▶ 任务评价

小组评价_____　　　教师评价_____　　　总评_____

任务三　对称度误差的检测

班级_____　　　姓名_____　　　组号_____　　　日期_____

▶▶▶ 任务目标

(1) 会正确识读图中标注的对称度公差代号。

(2) 理解对称度公差代号标注的含义。

(3) 掌握杠杆千分表检测对称度误差的方法。

(4) 能正确使用杠杆千分表检测零件的对称度误差。

▶▶▶ 知识储备

一、对称度的相关概念及对称度公差代号的识读

(1) 什么是对称度公差？

(2) 什么是对称度公差带？

(3) 什么是对称度误差？

(4) 对称度公差代号在图样上的标注及解读。

定位公差项目	标 注 示 例	识读	解读含义
对称度	中心平面对中心平面的对称度 ≡ 0.08 A		
	中心平面对轴线的对称度 ≡ 0.08 A A—A		

二、千分表使用的注意事项

简述使用千分表时的注意事项。

▶▶▶ 检测报告

任务三　对称度误差的检测

检测项目	对称度			
量具名称	杠杆千分表			
零件	(零件图)			
数据记录	测量数据			
	圆柱素线 1			
	圆柱素线 2			
合格性判断				

▶▶▶ 思考

(1) 如果零件对称度误差较大，会产生什么影响？

(2) 查找资料，简述利用极限量规检测对称度的方法。

▶▶▶ 总结与反思

▶▶▶ 任务评价

小组评价_____   教师评价_____   总评_____

项目六　传动轴的检测

任务一　同轴度误差的检测

班级_____　　姓名_____　　组号_____　　日期_____

▶▶▶ 任务目标

(1) 掌握同轴度公差与公差带的基本概念。
(2) 会正确识读图中标注的同轴度公差代号。
(3) 掌握利用偏摆仪、百分表检测传动轴同轴度误差的步骤及方法。
(4) 能正确利用偏摆仪、百分表检测传动轴同轴度误差。

▶▶▶ 知识储备

一、同轴度的相关概念及同轴度公差代号的识读

(1) 什么是同轴度公差?

(2) 什么是同轴度公差带?

(3) 什么是同轴度误差?

(4) 完成同轴度公差代号在图样上的标注及解读。

定位公差项目	标 注 示 例	识读	解读含义
同轴 (同心)度	轴线对轴线的同轴度 A　　　◎ $\phi0.02$ A ϕd_1　ϕd_2		
	圆心对圆心的同轴(心)度 厚0.5 ϕd ◎ $\phi0.1$ A		

二、同轴度检测时的注意事项

用偏摆仪检测同轴度时的注意事项有哪些?

▶▶▶ 检测报告

任务一　同轴度误差的检测

检测项目	同轴度		
量具名称	百分表、偏摆仪		
零件	(零件图)		
测量 记录	测量位置	测量数据	合格性判断
	1		
	2		
	3		
	4		

▶▶▶ 思考

(1) 如果零件同轴度误差较大，会产生什么影响？

(2) 比较用偏摆仪和用 V 形支承架测量同轴度的各自特点。

▶▶▶ 总结与反思

▶▶▶ 任务评价

小组评价＿＿＿＿＿＿＿　　　教师评价＿＿＿＿＿＿＿　　　总评＿＿＿＿＿＿＿

任务二　圆跳动误差的检测

班级＿＿＿＿＿＿　　姓名＿＿＿＿＿＿　　组号＿＿＿＿＿＿　　日期＿＿＿＿＿＿

▶▶▶ 任务目标

(1) 掌握圆跳动公差与公差带的含义。

(2) 掌握偏摆仪、百分表检测传动轴圆跳动误差的步骤及方法。

(3) 能正确使用偏摆仪、百分表检测传动轴的圆跳动误差。

▶▶▶ 知识储备

一、跳动公差代号的识读

完成跳动公差代号在图样上的标注及解读。

跳动公差	标 注 示 例	识读	解读含义
圆跳动	径向圆跳动 		
	端面圆跳动 		
	斜向圆跳动 		

跳动公差	标 注 示 例	识读	解读含义
全 跳 动	径向全跳动 ϕd_1 ϕd_2 $\boxed{\nearrow}\ \boxed{0.2}\ \boxed{A}$ $\boxed{A}$		
	端面全跳动 $\boxed{\nearrow}\ \boxed{0.05}\ \boxed{A}$ ϕd $\boxed{A}$		

二、圆跳动误差的测量

简述使用偏摆仪、百分表检测圆跳动误差的方法。

▶▶▶ 检测报告

任务二　圆跳动误差的检测

检测项目	径向圆跳动		公　差	
量具名称	百分表、偏摆仪			
零件		(零件图)		

测量记录	测量位置	测量数据	合格性判断
	1		
	2		
	3		
	4		

检测项目	端面圆跳动		
量具名称	百分表、偏摆仪	公差	0.02 mm

测量记录	测量位置	测量数据	合格性判断
	1		
	2		
	3		
	4		

▶▶▶ **思考**

(1) 如果零件圆跳动误差较大，会产生什么影响？

(2) 查阅资料，简述利用顶尖法检测径向全跳动的方法。

▶▶▶ **总结与反思**

▶▶▶ **任务评价**

小组评价_____   教师评价_____   总评_____

任务三　表面粗糙度的检测

班级_____　　姓名_____　　组号_____　　日期_____

▶▶▶ 任务目标

(1) 理解表面粗糙度的相关参数及定义。
(2) 掌握表面粗糙度的符号及标注方法。
(3) 掌握表面粗糙度的检测方法。
(4) 能正确使用表面粗糙度样板检测传动轴的表面粗糙度。

▶▶▶ 知识储备

一、表面粗糙度的相关概念及其代号的含义

(1) 什么是表面粗糙度？

(2) 什么是取样长度？

(3) R_a 代表什么？ R_z 又代表什么？

(4) 解释下列表面结构代号的含义。

① $\sqrt{R_{a\max}1.6}$　　　② $\sqrt{\begin{array}{l}R_a1.6\\R_z6.3\end{array}}$

③ $\sqrt{LR_{a\max}0.8}$　　　④ $\sqrt{\begin{array}{l}U\ R_a3.2\\L\ R_z1.6\end{array}}$

二、表面粗糙度的检测

(1) 表面粗糙度的检测方法有哪些？

(2) 表面粗糙度对零件使用性能的影响有哪些？

▶▶▶ 检测报告

任务三　表面粗糙度的检测

检测项目	表面粗糙度		
量具名称	粗糙度样板		
零件	(零件图)		
测量记录	测量项目	测量数据	合格性判断
	$\sqrt{}^{Ra0.8}$		
	$\sqrt{}^{Ra3.2}$		
	$\sqrt{}^{Ra1.6}$		

▶▶▶ 思考

(1) 在表面粗糙度测量中，为什么要确定取样长度和评定长度？

(2) 查阅资料，简述表面粗糙度参数值的选择一般要遵循的原则。

▶▶▶ 总结与反思

▶▶▶ 任务评价

小组评价＿＿＿＿＿　　　教师评价＿＿＿＿＿＿　　　总评＿＿＿＿＿＿

项目七　螺纹的检测

任务一　用螺纹量规检测螺纹

班级＿＿＿＿＿　　姓名＿＿＿＿＿　　组号＿＿＿＿＿　　日期＿＿＿＿＿

▶▶▶ 任务目标

(1) 熟悉螺纹的公差带代号。

(2) 掌握螺纹量规的使用方法。

(3) 会正确使用螺纹量规对螺纹进行综合测量。

▶▶▶ 知识储备

(1) 识读螺纹标记的含义：

① M12×1.5-6g　② M24×1.5-7H

(2) 用螺纹量规对被测外螺纹零件进行检验，要注意哪些事项？

▶▶▶ 检测报告

任务一　用螺纹量规检测螺纹

检测项目		外螺纹的综合检验
量具名称		螺纹环规
被测螺纹代号		
测量结果	合格性判断	
	判断理由	

>>> **思考**

(1) 以外螺纹为例，试比较中径与单一中径，两者在什么情况下相等？

(2) 外螺纹的基本偏差有哪几种？内螺纹的基本偏差有哪几种？

>>> **总结与反思**

>>> **任务评价**

小组评价_____   教师评价_____   总评_____

任务二　用螺纹千分尺检测螺纹中径

班级_____　　姓名_____　　组号_____　　日期_____

▶▶▶ 任务目标

(1) 熟悉螺纹中径合格性的判断条件。
(2) 熟悉螺纹千分尺结构。
(3) 掌握螺纹千分尺检测螺纹中径的方法。
(4) 会用螺纹千分尺检测螺纹中径。

▶▶▶ 知识储备

(1) 识读螺纹配合代号：
M30×2-6H/6g

(2) 一螺纹配合为 M20×2-6H/5g6g，试查阅资料确定内、外螺纹的中径、小径和大径的极限偏差，并计算内、外螺纹的中径、小径和大径的极限尺寸，然后将各数值填写在下表中。

名称		内螺纹		外螺纹	
公称尺寸	大径				
	小径				
	中径				
极限偏差		ES	EI	es	ei
查表	大径				
	中径				
	小径				
极限尺寸		上极限尺寸	下极限尺寸	上极限尺寸	下极限尺寸
大径					
中径					
小径					

(3) 在使用螺纹千分尺测量螺纹中径的过程中，要注意哪些操作规范？

>>> 检测报告

任务二　用螺纹千分尺检测螺纹中径

检测项目	外螺纹的螺纹中径			
量具名称	螺纹千分尺			
零件	(零件图)			
被测中径	检测记录			
	1	2	3	4
评定依据及结果				

>>> 思考

(1) 以外螺纹为例，试比较作用中径与单一中径的异同点，并说明两者在什么情况下相等？

(2) 比较三针测量法与使用螺纹千分尺测量螺纹中径的差异。

▶▶▶ **总结与反思**

▶▶▶ **任务评价**

小组评价＿＿＿＿＿＿　　教师评价＿＿＿＿＿＿　　总评＿＿＿＿＿＿

项目八　直齿圆柱齿轮的检测

任务一　用齿厚游标卡尺检测齿轮齿厚偏差

班级_____　　姓名_____　　组号_____　　日期_____

▶▶▶ 任务目标

(1) 了解圆柱齿轮传动的基本要求，理解齿轮精度等级、公差组及检验组的概念。

(2) 熟悉齿厚游标卡尺的结构及工作原理，了解其适用范围，掌握其使用方法。

(3) 能正确使用齿厚游标卡尺测量齿轮的齿厚偏差。

▶▶▶ 知识储备

一、基本概念

(1) 什么是传递运动的准确性？

(2) 什么是传动的平稳性？

(3) 什么是传动侧隙的合理性？

二、齿轮单项测量项目的解读

测量项目	含　　义	符号	对传动的影响
齿厚偏差			
公法线长度变动量			

三、用齿厚游标卡尺检测齿厚偏差

(1) 齿厚卡尺的游标分度值是多少？

(2) 使用齿厚游标卡尺时，调节高度尺的依据是什么？如何消除齿顶圆直径误差对测量的影响？

(3) 如何计算公称弦齿厚？

▶▶▶ 检测报告

任务一　用齿厚游标卡尺检测齿轮齿厚偏差

测量项目	齿轮齿厚偏差				
量具名称	齿厚游标卡尺		分度值		
零件	(零件图)				
齿轮参数及尺寸 $m=$ $z=$	齿顶圆 直径	分度圆 弦齿厚	分度圆 弦齿高	齿厚上偏差	齿厚下偏差
测量结果					
测量次数	齿顶圆实际 直径		高度卡尺调定高度		
	齿厚实际值	齿厚实际偏差		结论	
1					
2					
3					
4					

▶▶▶ 思考

查阅资料，说明公称齿厚与公法线长度公称值的关系，并解释检测公法线变动量有何作用。

▶▶▶ 总结与反思

▶▶▶ 任务评价

小组评价_____   教师评价_____   总评_____

任务二　用齿轮径向跳动检查仪检测齿轮的径向跳动

班级_____　　　姓名_____　　　组号_____　　　日期_____

▶▶▶　任务目标

(1) 了解齿圈径向跳动产生的原因。

(2) 熟悉齿轮径向跳动检查仪的结构和使用方法。

(3) 会用齿轮径向跳动检查仪检测齿轮的径向跳动。

▶▶▶　知识储备

(1) 什么是齿轮齿圈径向跳动？

(2) 齿轮径向跳动检查仪的分度值是多少？

(3) 球形测量头的直径如何选取？

(4) 试述检测齿轮径向跳动的方法与步骤。

任务二　用齿轮径向跳动检查仪检测齿轮的径向跳动

测量项目	齿轮径向跳动				
测量器具	齿轮径向跳动检查仪	分度值		测量范围	
零件	(零件图)				
齿轮参数	基本参数		精度	齿圈径向跳动公差	
测量结果					
序号	读数	序号	读数	序号	读数	序号	读数

序号	读数	序号	读数	序号	读数	序号	读数
1		7		13		19	
2		8		14		20	
3		9		15		21	
4		10		16		22	
5		11		17		23	
6		12		18		24	
齿轮径向跳动 F_r							
结论			理由				

▶▶▶ 思考

查阅资料，简述齿轮径向跳动 F_r 与径向综合总偏差的不同。

▶▶▶ 总结与反思

▶▶▶ 任务评价

小组评价_____　　教师评价_____　　总评_____

项目九　三坐标测量机的应用

任务一　销孔的检测

班级_____　　　姓名_____　　　组号_____　　　日期_____

▶▶▶ 任务目标

(1) 了解三坐标测量机的结构和维护保养要求。

(2) 熟悉三坐标测量机的使用方法。

(3) 初步掌握三坐标测量机的操作方法和测量步骤。

▶▶▶ 知识储备

一、三坐标测量机的结构

(1) 三坐标测量机由哪几部分组成？

(2) 三坐标测量机上的导轨有哪些类型？常用的是什么类型？

二、三坐标测量机的维护

(1) 三坐标测量机的工作环境要求有哪些？

(2) 三坐标测量机的导轨的维护要求有哪些？

三、操作思考

(1) 测量头如何校正?

(2) 如何建立零件基准平面?

(3) 对于平面和圆柱,怎样选择测量点?

▶▶▶ 检测报告

任务一　销孔的检测

检测项目	销孔				
量具名称	三坐标测量机				
零件要求					
测量件数	测量结果及评定				
	定位销 1 直径	定位销 2 直径	Y 距离	Z 距离	合格性评定
1					
2					
3					
4					
5					
6					

▶▶▶ 思考

(1) 三坐标机测量技术与传统测量技术相比,有哪些优势?

(2) 简述三坐标测量机的应用场合。

▶▶▶ **总结与反思**

▶▶▶ **任务评价**

小组评价_____   教师评价_____   总评_____

任务二　底座的综合检测

班级_____　　姓名_____　　组号_____　　日期_____

▶▶▶ **任务目标**

会操作三坐标测量机进行尺寸测量。

▶▶▶ **知识储备**

一、三坐标测量机的使用

(1) 使用三坐标测量机进行尺寸测量的基本步骤有哪些？

(2) 用示意图说明测量点的采集方式。

① 平面：

② 圆：

③ 圆柱：

④ 球：

二、分析零件

(1) 零件的检测项目有哪些？按什么顺序进行？

(2) 零件需要什么夹具进行放置？

(3) 如何建立坐标系？

▶▶▶ **检测报告**

任务二　底座的综合检测

(粘贴报告)